灰色系统气质理论

邓聚龙 著

科学出版社
北京

内 容 简 介

灰色系统气质理论是研究和挖掘灰理论中具有气质资源价值，并可思维化的模型、算式、定理等的一种资源理论。本书论述了气质是"作为"的独特方式和气质论(EC)中的五种思维规律(5L)。其主要内容有：灰关联气质、GM模型气质、获益与气质偶对、惯性气质空间与灰建模、灰信息包思维链等，并给出了相对应的实例。

本书可供灰色系统理论、数理资源以及相关专业研究人员学习，也可供高等院校大学生、研究生阅读参考。

图书在版编目（CIP）数据

灰色系统气质理论/邓聚龙著. —北京：科学出版社，2014.3
ISBN 978-7-03-039882-6

Ⅰ. ①灰… Ⅱ. ①邓… Ⅲ. ①灰色系统理论-研究 Ⅳ. ①N941.5

中国版本图书馆 CIP 数据核字（2014）第 036407 号

责任编辑：徐园园 赵彦超／责任校对：彭 涛
责任印制：赵 博／封面设计：耕者设计工作室

科学出版社 出版
北京东黄城根北街 16 号
邮政编码：100717
http://www.sciencep.com
三河市春园印刷有限公司印刷
科学出版社发行 各地新华书店经销
*
2014 年 3 月第 一 版　开本：720×1000 1/16
2025 年 8 月第二次印刷　印张：8 1/4
字数：155 000
定价：98.00 元
（如有印装质量问题，我社负责调换）

前　言

　　本书是灰色系统理论创始人邓聚龙教授继《灰色数理资源科学导论》(华中科技大学，2007) 一书后的又一由创新成果总结而成的专著. 当前，灰色系统理论已作为一种文化现象、一种数据方法得到较为广泛地推广和应用. 从一个学科的发展和进一步深入的研究来看，灰色系统理论应该提高到气质上来认知，不应仅局限于灰色现象的认知，以及其方法的应用，而要深入到灰色数理资源气质开拓的高度.

　　气质，在心理学中是表现人的心理活动的强度、速度、灵活性与指向性等方面一种稳定的心理特征. 在灰色系统气质理论中，气质是"作为"的独特方式，倾向于系统的行为特征，不倾向于心理特征.

　　气质理论，或称为 EC (from Extension to Connotation) 理论，是从外延中挖掘内涵、挖掘气质的理论，也是资源理论. EC 理论是一种思维，属于逻辑学的范畴. EC 理论挖掘内涵基于五种思维规律 (5L)：沉淀律 AuL (Accumulate Law)、临界律 CL (Critical Law)、成全律 AoL (Accomplish Law)、折射律 RL (Refract Law) 以及虚实律 IsL (Imaginary-solidly Law). 具体与抽象、形式与气质、外延与内涵是 EC 理论中的重要观念.

　　灰色系统气质理论一书有以下几个特点：

　　(1) 本书强调气质性、内涵性内容. 比如，GM(1,1), GM(1, N) 作为灰色系统理论的数理模型，描述广义能量系统是其外延，而更为重要的是描述其灰导数、灰微分方程构成原理，其 GM(1,1) 的预测功能，以及 GM(1, N) 的动态性、能量性和影响性才是其独特气质. 本书的第 4 章 EC-折射灰建模、第 6 章 GM(1, N) 多变量灰动态模型中的气质以及第 8 章惯性气质空间与灰建模都体现了本书的这一特点.

　　(2) 本书融数理内涵与通俗概念为一体，使人们对灰理论有更全、更深地理解. 比如, 灰关联分析、灰建模、灰决策、灰信息包等根据 EC 五种思维规律, 折射出一些新的概念和原理. 例如, 第 3 章 EC-折射灰关联分析中的淹没原理, 第 5 章 EC-折射灰决策中的 "成全" 与局势、补益和获益概念, 第 9 章灰信息包中的思模评估基础的两定理: 等域性定理和气质性定理以及第 11 章自动控制系统的气质中的原生态综合公理.

(3) 忽略灰色系统理论的一般性、认知性、外延性内容. 比如, 现有灰色系统理论著作已用较大篇幅阐述灰色数理方法的一般原理、一般参数关系及方法. 而在本书中均直接从外延 (视现有的灰色数理方法) 中挖掘内涵, 揭示普通事物的气质, 丰富灰色数理资源科学.

本书出版后, 可望使现有灰色系统的数理方法得到更根本的认知、更完善的使用, 使灰色系统理论的数理方法显露其更深更好的作用、价值与意义.

邓聚龙

谨识于 2013 年

目 录

第 0 章　概言 ·· 1
   0.1　气质的一般定义 ······························ 1
   0.2　气质的通俗概念 ······························ 1
   0.3　灰色对称平衡系统 GSBSI 的基本数理关系 ······ 2
   0.4　对称平衡气质的数理表达 ······················ 3
   0.5　GSBSI 基本信息流程单元 ······················ 3
   0.6　GSBSI 信息流程图 ···························· 4
   0.7　灰朦胧集的气质 ······························ 4

第 1 章　气质论中五种基本规律 ······················ 6
   1.1　沉淀律 AuL (Accumulate Law) ················ 6
   1.2　临界律 CL (Critical Law) ···················· 6
   1.3　成全律 AoL (Accomplish Law) ················ 7
   1.4　折射率 RL (Refract Law) ···················· 7
   1.5　虚实律 IsL (Imaginary-solidly Law) ·········· 8

第 2 章　EC-5L 示例 ·································· 9
   2.1　诗歌 ·· 9
   2.2　升华 ·· 10
   2.3　哲言 ·· 10
   2.4　开放的名气资源可以成全一般的资源 ············ 11
   2.5　待开发的历史名镇 ···························· 14
   2.6　名花·名树 ·································· 16

第 3 章　EC-折射灰关联分析 ·························· 18
   3.1　灰关联气质概言 ······························ 18
   3.2　气质可比性与淹没原理 ························ 18

3.2.1　气质可比性 ································· 18
　　　3.2.2　淹没原理 ··································· 18
　3.3　气质可比性变换 ································· 19
　3.4　EC-折射灰关联 4 公理 ··························· 19
　3.5　理想气质的状态分析 ····························· 19
　3.6　西部地区农业现代化指标系状态分析 ··············· 20
　　　3.6.1　西部地区状态分析内涵元素 C_i ··········· 20
　　　3.6.2　状态灰关联度计算 ·························· 21

第 4 章　EC-折射灰建模 ······························· 26
　4.1　EC-折射灰微分方程 ······························ 26
　　　4.1.1　等分时轴 ·································· 26
　　　4.1.2　差内涵及白导数、白微分方程 ················ 26
　　　4.1.3　灰导数、背景值折射的灰微分方程 ············ 27
　4.2　GM(1,1) 建模示例 ······························· 27

第 5 章　EC-折射灰决策 ······························· 31
　5.1　"成全"(Accomplish) 与局势 ····················· 31
　5.2　补益 ·· 31
　5.3　获益与气质偶对 ································· 32
　5.4　获益计算示例 ··································· 36

第 6 章　GM(1, N) 多变量灰动态模型中的气质 ············ 42
　6.1　GM(1, N) 动态气质折射 ·························· 42
　6.2　GM(1, N) 气质的开拓概言 ························ 45
　6.3　GM(1, N) 在中药组方中治疗气质折射研究 ·········· 45
　　　6.3.1　中药组方治疗机制 ·························· 45
　　　6.3.2　中药组方治疗分析示例 ······················ 46
　6.4　湖北省老河口市社会、经济、科技协调发展总体规划的
　　　　GM(1, N) 气质分析 ····························· 49
　　　6.4.1　老河口市行为资源原始序列 ·················· 49

6.4.2 成分整合 · · · · · · 50
6.4.3 老河口市结构性成分模型族 · · · · · · 51
6.4.4 老河口市执行性成分模型族 · · · · · · 52
6.4.5 老河口市科技、经济、社会资源整合开发总体规划模型 · · · · · · 57
6.4.6 老河口市资源整合开发 GM(1, N) 模型影响因子序分析 · · · · · · 58
6.4.7 老河口市实施科技、经济、社会资源整合开发总体规划后的效果 · · · · · · 59

第 7 章 白化函数气质与灰评估 · · · · · · 61
7.1 三类白化函数 · · · · · · 61
7.2 标称四公理 · · · · · · 63
7.3 灰统计 · · · · · · 64
7.3.1 灰统计定理 · · · · · · 64
7.3.2 灰统计计算 · · · · · · 64
7.4 灰聚类 · · · · · · 70
7.4.1 灰聚类定义 · · · · · · 70
7.4.2 灰聚类定理 · · · · · · 70
7.4.3 灰聚类计算 · · · · · · 71

第 8 章 惯性气质空间与灰建模 · · · · · · 77
8.1 惯性是一种气质 · · · · · · 77
8.2 惯性气质力学空间 $S(\otimes)$ (或 $S(\ )$) · · · · · · 77
8.3 $S(\ )$ 建模 · · · · · · 78
8.3.1 出版质量 $S(\ )$ 建模 · · · · · · 78
8.3.2 地震强度灰建模 · · · · · · 84
8.3.3 运动员成绩灰建模 · · · · · · 87

第 9 章 灰信息包 · · · · · · 92
9.1 灰信息包 (Grey Information Package) · · · · · · 92
9.2 思维主链 L · · · · · · 92
9.3 命题、子命题 · · · · · · 93

9.3.1 命题 ··· 93

   9.3.2 子命题 ·· 93

  9.4 命题信息域 ·· 94

  9.5 定义信息域 ·· 94

  9.6 指标与因子 ·· 95

   9.6.1 指标 ··· 95

   9.6.2 因子 ··· 95

  9.7 域 (Domain) ··· 95

  9.8 思模 TM (Thinking Model) 示例 ·· 97

  9.9 思模评估 ·· 100

第 10 章　表元素 ·· 102

  10.1 概言 ··· 102

  10.2 Table element (Te) ··· 102

   10.2.1 标称流水 ·· 104

   10.2.2 数字流水 ·· 104

   10.2.3 门槛矩阵 ·· 107

  10.3 灰色圈闭 ··· 108

   10.3.1 灰色圈闭模拟计算 ·· 108

   10.3.2 灰色圈闭应用情况 ·· 110

  10.4 跨表 CT (Cut Table 或 Crass Table) ··· 111

第 11 章　自动控制系统的气质 ··· 117

  11.1 反馈气质 ··· 117

  11.2 结构范式 SNF ·· 118

  11.3 去余控制流程图 ·· 120

致谢 ·· 123

第 0 章 概 言

0.1 气质的一般定义

在心理学中，气质 (Temperament) 是表现人的心理活动的强度、速度、灵活性与指向性等方面的一种稳定的心理特征. 在灰色系统 "气质" 理论中，气质 (Makings) 是 "作为" 的独特方式，仅指其从 "Make" 角度延伸的一切气质，倾向于行为特征，不倾向于心理特征.

0.2 气质的通俗概念

作决策时，对局势、局势效果作超前思考是 "作为" 的独特方式. 它体现了决策者的智慧，比如，诸葛亮的 "锦囊妙计".

一切事物重要的不在乎形式，而在乎内涵、气质. 比如，汽油不在乎能燃烧，而在乎能推动发动机，驱动汽车、飞机、轮船. 燃料是汽油的外在形式 (外延)，驱动发动机是其独特 "作为"，是其气质. 灰色系统理论中 GM(1,1) 模型描述广义能量系统运动状态是其外延，预测功能才是它的气质，它的独特 "作为". 这是 GM(1,1) 模型其所以成为数理资源的缘由. 总之，数理关系其所以成为数理资源，在乎其独特 "作为" 性，在乎其效能性与价值性. 所以，效能与价值是资源的独特 "作为"，是其气质.

气质理论，或称为 EC (from Extension to Connotation) 理论，是从外延中挖掘内涵、挖掘气质的理论，也是资源理论.

EC 理论是一种思维，属于逻辑学的范畴. 黑格尔指出：逻辑是研究思维, 思维的规定和规律的科学. EC 理论挖掘内涵基于五种思维规律 (5L): 沉淀律 AuL (Accumulate Law)、临界律 CL (Critical Law)、成全律 AoL (Accomplish Law)、折射律 RL (Refract Law)(含一次折射、多次折射与智能折射) 以及虚实律 IsL (Imaginary-solidly Law). 具体与抽象、形式与气质、外延与内涵是 EC 理论中的重要观念. 在 EC 理论中有两种气质令人特别关注, ① 序列的气质: 极大值极性与极小值极性; ② 精神的气质: 积极与消极. 从潜在气质看, 极大值极性与积极气质在追求 "最佳" 这一点上是相通的. 追求 "最大" 与追求 "最佳" 相通表现在气质度的表达式上. 气质度 $=\left(\dfrac{公益}{私益} \times v\right)$, 这表明只有公益气质与公信度 v 达最大才有较高气质度. 数量关系的最佳气质往往潜藏在数理的内部关系上. 有待定义和赋予意义的数理关系称为数理关系的外延表达.

0.3 灰色对称平衡系统 GSBSI 的基本数理关系

灰色对称平衡系统 GSBSI (Grey Symmetry Balanced System in Impact) 是气质的对称平衡. 在阴阳论意义下, 它体现了世界格局的气质; 在生态意义下, 它体现生态文明、资源综合开发利用的气质; 在经济意义下, 它体现社会、经济、科技协调规划的气质.

在这种反映对称平衡系统气质的数据下, 若有数理量 $a, b, a \neq b$. 当 a 存在, 影响 b 的存在; a 的数值大小, 影响 b 的大小时, 则称 a 对 b 有影响或 a 对 b 有介入, 记为 ab, 描述介入强度的力称为影响力. 考虑有系统行为 x_1 (或 $x_1^{(0)}$ 与 $x_1^{(1)}$), 有介入因子 x_2 (或 $x_2^{(0)}$ 与 $x_2^{(1)}$). 考虑 a_1 为自影响系数, b_1 为它影响系数, 有下述两个相互介入子系统:

$$x_1^{(0)}(k) + a_1 z_1^{(1)}(k) = b_1 x_2^{(1)}(k) \tag{1}$$

$$x_2^{(0)}(k) + a_2 z_2^{(1)}(k) = b_2 x_1^{(1)}(k) \qquad (2)$$

0.4 对称平衡气质的数理表达

对称平衡气质的数理表达点为 $(x_1^{(0)}(k), x_2^{(1)}(k))=(0,0)$, 从相互介入子系统 (1) 式有 $x_1^{(0)}(k) = b_1 x_2^{(1)}(k) - a_1 z_1^{(1)}(k)$, 若 $x_1^{(0)}(k) \to 0$, 则有 $b_1 x_2^{(1)}(k) = a_1 z_1^{(1)}(k)$, 表明 $x_2^{(1)}$ 对 x_1 的影响力被 $x_1^{(1)}$ 自我影响平衡. 同理 $x_2^{(0)}(k) \to 0$, 则有 $b_2 x_1^{(1)}(k) = a_2 z_2^{(1)}(k)$, 表明 $x_1^{(1)}$ 对 x_2 的影响力被 $x_2^{(1)}$ 自我影响平衡. 所以, $x_2^{(0)}(k) \to 0$ 也是一种平衡, 即交叉平衡对称气质点为

$$(0,0) = (x_1^{(0)}(k), x_2^{(0)}(k)).$$

0.5 GSBSI 基本信息流程单元

从相互介入子系统 (1), (2) 两式看, GSBSI 有三种信息流程单元.

基本信息流程单元 1: AGO 单元

$$x_1^{(1)}(k) = \sum_{m=1}^{k} x_1^{(0)}(m) \Rightarrow x_1^{(1)} = \text{AGO} x_1^{(0)} \xrightarrow{x_1^{(0)}} \boxed{\text{AGO}} \to x_1^{(1)}$$

基本信息流程单元 2: MEAN 单元

$$z^{(1)}(k) = 0.5 x^{(1)}(k) + 0.5 x^{(1)}(k+1) \Rightarrow z^{(1)}$$
$$= \text{MEAN} x^{(1)} \xrightarrow{x_1} \boxed{\text{MEAN}} \to z_1^{(1)}$$

基本信息流程单元 3: 信息综合单元

根据 $x_1^{(0)}(k) = b_1 x_2^{(1)}(k) - a_1 z_1^{(1)}(k)$, 有下述信息综合的流程单元, 见图 0.1.

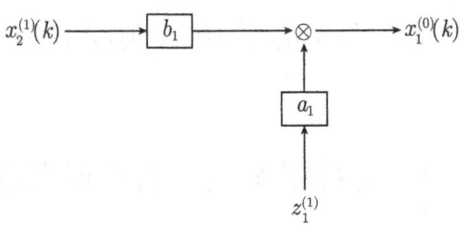

图 0.1　信息综合流程单元

0.6　GSBSI 信息流程图

GSBSI 信息流程图, 如图 0.2 所示.

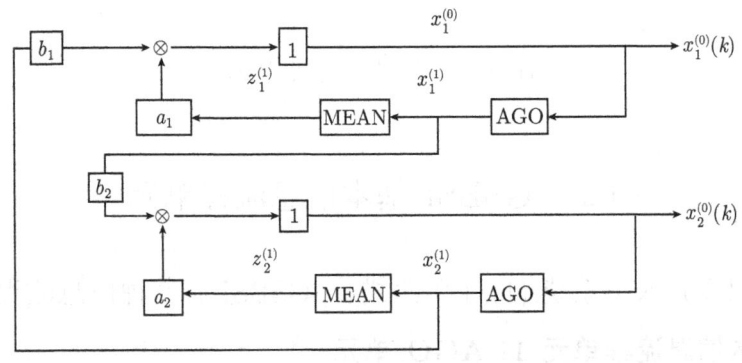

图 0.2　GSBSI 信息流程图

0.7　灰朦胧集的气质

灰朦胧集 S_{GN} 是由子集胚胎集 $S(p)$、发育集 $S(g)$、成熟集 $S(m)$、实证集 $S(e)$ 构成, 其气质由低到高演化的气质集. 它是灰理论的奠基性的集合, 它具有气质: 信息由少到多、由灰到白、由粗糙到精细、由不确定到确定、由虚到实的独特"作为"的集.

(1) 胚胎集: 命题 $\mathscr{P}(\theta)$ 从提出到完全成立是一个信息不断补充、不断完善的过程;是白化度较高信息 θ 不断加入,白化度较低信息 θ' 不断剔除的过程. 具有胚胎的气质, 此过程子集的全体称为胚胎集, 记为 $S(p)$.

(2) 发育集：命题 $\mathscr{P}(\theta)$ 成立后, 严格按 $\mathscr{P}(\theta)$ 内涵补充信息, 并使 θ' 转化为 θ, 此过程具有胚胎发育的气质, 故称为发育集, 记为 $S(g)$.

(3) 成熟集：将 $S(g)$ 中所有 θ' 转化为符合 $\mathscr{P}(\theta)$ 要求的 θ^*, 此过程具有成熟的气质, 故称为成熟集, 记为 $S(m)$.

(4) 实证集：$S(m)$ 中所有信息 θ^*, 经实践表明完全符合 $\mathscr{P}(\theta)$ 内涵称为实证集, 记为 $S(e)$.

寿终值 $S(e)$ 中信息 θ^*, 显示出过程终止时, 出现寿终值 $S(en)$. 因此有 S_{GN} 为

$$S_{GN} = \{S(p), S(g), S(m), S(e), S(en)\}$$

S_{GN} 呈现生命现象, 表明 "灰" 是一种含有生命力的气质.

第 1 章 气质论中五种基本规律

外延 E (Extension) 中隐藏着内涵 C (Connotation), 从 E 中挖掘 C 称为 EC 理论. C 是一种气质, 所以 EC 理论就是气质理论. 气质理论是一种思维, 属于逻辑学的范畴. 黑格尔指出: "逻辑是研究思维的规定和规律的科学. 但思维本身仅仅构成理念作为逻辑理念借以存在的普遍规定性或要素. 理念是思维, 这思维并不是形式的思维, 而是思维的各个独特规定与规律所组成的自身发展的总体. 这些规定和规律是思维自身给出的, 而不是思维已经具有的和在自身发现的"(参见梁志学译,《黑格尔逻辑学》, 人民出版社, 2002).

EC 思维有如下 5 个方面的规定与规律, 统称 EC-5L (EC 中的 5L).

1.1 沉淀律 AuL (Accumulate Law)

令 C_i 为第 i 种内涵, + 为内涵的累积、整合、补充. 若 $i=1,2,\cdots,m$, 则称 C_Σ 为沉淀值, 当且仅当

$$C_\Sigma = \sum_{i=1}^{m} C_i$$

1.2 临界律 CL (Critical Law)

令 α, β 为资源 (含文化资源) 气质集

$$\alpha \neq \beta$$
$$\beta \succ \alpha$$

若满足

$$(P_1): \begin{aligned} C_d &= \sum_{i=1}^{d} C_i, \quad C_d \in \alpha \\ C_d' &= \sum_{i=1}^{d+j} C_i, \quad C_i \in \alpha \\ C_d' &= \sum_{i=1}^{d+j} C_i, \quad C_d' \in \beta \end{aligned}$$

或者有

$$C_d' = C_d + C_j, \quad C_d' \in \beta, C_j \in \alpha$$

则 d 是临界值，C_d' 是临界累积值.

1.3 成全律 AoL (Accomplish Law)

基于资源的价值有大小之别，资源效能有强弱之分，因此资源气质集有高低之势，记为 $\succ$.

比如文化名镇的气质集 β，高于一般村镇的气质 α，即

$$\beta \succ \alpha$$

气质具有影响力的资源称开放资源. 开放资源的特点使其影响力辐射到低气质资源，可提高其气质，这称为成全律.

比如，屈原成全了汨罗江，《清明上河图》成全了开封. β 成全了 α，记为 $\beta\alpha$.

1.4 折射率 RL (Refract Law)

"作为" 的独特方式称为气质 (Makings). 气质度 β^0 可表示为

$$\beta^0 = \frac{\text{CB}}{\text{PB}} v$$

其中, CB 为公益 (Common Benefit), PB 为私益 (Private Benefit), v 为公信 (认) 度.

公理 1.1 存在是现象.

公理 1.2 千千万万的现象汇聚为有生命的地球.

公理 1.3 生命是地球的气质, 从现象 → 气质是折射律.

公理 1.4 折射有一次折射、多次折射, 以及智能折射.

称现象 → 气质为一次折射. 一次折射的气质作再次折射为深层折射. 深层折射气质再作折射为内层折射、智能折射.

《论语》中孔子的哲言: "学而不思则罔, 思而不学则殆", "君子周而不比, 小人比而不周", 以及柏拉图学说等都有多层折射.

1.5 虚实律 IsL (Imaginary-solidly Law)

下述延伸:

分散 → 组合 (比如汉字组合成诗词);

抽象 → 具体;

现象 → 本质 → 气质;

文字 → 警示,

称为虚实律.

第 2 章　EC-5L 示例

气质论研究从外延中挖掘内涵 (from Extension to Connotation), 故称 EC 理论. EC-5L 指 EC 理论中五种基本逻辑规律, 这些规律实质上表达抽象与具体、虚与实、表象与本质的关联性思维. 它表现在诗歌、数理资源等硬资源与软资源中.

2.1　诗　　歌

文字的独立存在是具体的, 文字组合成诗是抽象的, 属虚实律 IsL.

在作者所著《多维灰色规划》(华中理工大学出版社, 1989, 第 3 页) 中提出: "诗要灰, 灰才有寓意, 灰才有深度, 灰才有回味, 灰才有意境, 灰才有覆盖, 灰才有穿透力, 灰才有吸引力, 灰才有深情, 灰才能敲开人们的心扉, 灰才有警示作用, 灰才能使内涵深化, 灰才能使外延开拓, 灰才能映射与反射. 总之, 灰深深地渗透在文化艺术中." 诗属于文字组合的意境升华. 比如:

"哲学" 的希腊语是 $philosophia$, 是 $philoin$ "爱" 与 $sophia$ "智慧" 的结合. 所以说哲学 = 爱 + 智慧, 哲学是 "爱智慧".

中国的《诗经》是反映西周初至春秋中叶 500 年间华夏文化的民间诗集.

其气质与体风 (体裁与风格) 是多姿多彩的 (据李家秀编著《诗经名篇》, 内蒙古人民出版社, 2001), 有风、大雅、小雅、周颂、鲁颂、商颂等多种, 参见表 2.1.

表 2.1　中国古诗体风表

气质	风	大雅	小雅	周颂	鲁颂	商颂
篇数	160	30	74	30	4	5

2.2　升　　华

表象升华为气质有

- 物体的质量升华为惯性 (惯性是一种气质);
- 人的"作为"升华为人的素质;
- 能量的指数律变化升华为广义能量;
- 数字序列的内在性质升华为序列的极性;
- 不同极性的统一升华为极性变换算式;
- 有内涵的一般题材升华为资源, 如山歌、民歌、地方小曲升华为文化资源.

2.3　哲　　言

柏拉图学说中的一次折射:

人的身躯分三部分: 头、胸、腹. 其一次折射为头 → 智慧、胸 → 意志、腹 → 欲望.

柏拉图学说的深情折射为下表 2.2.

表 2.2　柏拉图学说的深情折射

气质序	身体	灵魂	美德	国家
①	头部	智慧	理性	统治者
②	胸部	意志	勇气	战士
③	腹部	欲望	自制	士兵

柏拉图学说的气质序 ① 与 ② 在印度的世袭阶级为

(1) 统治阶级 (僧侣阶级);

(2) 战士阶级;

(3) 劳动阶级.

公元 963 年, 宋朝大军围攻成都, 后蜀国君和大臣们闻风丧胆. 面对几万宋兵, 14 万蜀人举手投降. 蜀王贵妃花蕊写诗表达:

君王城上竖降旗, 妾在深宫那得知?

十四万人齐解甲, 更无一个是男儿!

2.4 开放的名气资源可以成全一般的资源

开放的名气资源可以成为一般的资源, 比如

一般的村镇成全为名镇;

一般的花成全为名花;

一般的树成全为名树.

* 名镇: 扬州

城市建筑是具体的, 但其社会、政治、经济、文化影响是抽象的. 城镇内涵充实程度获益是可比的. 扬州在南北运河畅通的过去曾是东方世界最艳丽的, 生活方式最舒适的名城. 有诗为证:

诗一　腰缠十万贯, 骑鹤下扬州.

诗二　天下三分明月, 二月独照扬州.

诗三　十年一觉扬州梦, 赢得青楼薄幸命.

* 内蒙古—室韦

室韦内涵元素有

C_1 蓝天;

C_2 绿草;

C_3 白桦树;

C_4 神秘的玛瑙草原;

C_5 亚洲最美湿地;

C_6 温暖的木刻楞房;

C_7 蒙古民族;

C_8 华俄混血后裔;

C_9 黄皮肤的智慧男人;

C_{10} 蓝眼睛的热情女人.

按临界律有

$$C_i, i = 1, 2, 3$$
$$C_j, j = 4, 5, 6, 7, 8, 9, 10$$
$$C_d = \sum_{i=1}^{3} C_i$$
$$C_d' = \sum_{i=1}^{3+j} C_i,$$
$$C_d' = C_d + C_j, C_d \in \alpha, C_j \in \alpha, C_d' \in \beta$$

* 安徽 西递—宏村

宏村内涵元素有

C_1 仿生人工水系;

C_2 明清古民居;

C_3 宗祠文化的祠堂;

C_4 儒家文化的牌坊;

C_5 徽商儒雅文化的楹联;

C_6 石雕;

2.4 开放的名气资源可以成全一般的资源

C_7 牌匾;

C_8 漏窗.

按临界律有

$$C_i, i = 1, 2, 3$$
$$C_j, j = 4, 5, 6, 7, 8$$
$$C_\alpha = \sum_{i=1}^{3} C_i$$
$$C'_\alpha = \sum_{i=1}^{3+j} C_i$$
$$C'_\alpha = C_d + C_j, C_\alpha \in \alpha, C_j \in \alpha, C'_\alpha \in \beta$$

* 江苏——同理

同理内涵元素有

C_1 五湖绕于外;

C_2 一镇含于水;

C_3 河水将镇分割为七个街区;

C_4 30 座古桥将街区连成小城;

C_5 家家临水;

C_6 户户通船.

按临界律有

$$C_i, i = 1, 2, 3$$
$$C_j, j = 4, 5, 6$$
$$C_\alpha = \sum_{i=1}^{3} C_i$$
$$C'_\alpha = \sum_{i=1}^{3+j} C_i$$

$$C'_\alpha = C_d + C_j, C_\alpha \in \alpha, C_j \in \alpha, C'_\alpha \in \beta$$

2.5 待开发的历史名镇

* 湖南娄底—杨家滩

杨家滩内涵元素有

C_1 毗邻国家森林公园龙山;

C_2 源于龙山的涟水支流孙水;

C_3 先秦三代属荆楚之地;

C_4 唐高祖武德年间商贾云集;

C_5 抗战时期小南京之称的多种街景;

C_6 杨市特色小吃;

C_7 杨市八景:

$\quad C_{7_1}$ 犀牛望月,

$\quad C_{7_2}$ 龙潭吸水,

$\quad C_{7_3}$ 龙山楠竹林,

$\quad C_{7_4}$ 龙山毛边纸作坊,

$\quad C_{7_5}$ 龙山陶金桥,

$\quad C_{7_6}$ 龙山药材,

$\quad C_{7_7}$ 能抑制癌症的绞股蓝,

$\quad C_{7_8}$ 药王庙;

C_8 明代修建的吊满木莲的石拱桥;

C_9 湘军名将故居 (德厚堂、佩兰堂、师善堂);

C_{10} 湘军策源地 —— 曾国藩家乡;

C_{11} 曹典球先生创办的湖南私立文艺中学, 抗战胜利后才迁回长沙.

2.5 待开发的历史名镇

按临界律有

$$C_i, i = 1, 2, 3, 4, 5, 6, 7$$

$$C_j, j = 8, 9, 10, 11$$

$$C_\alpha = \sum_{i=1}^{7} C_i$$

$$C'_\alpha = \sum_{i=1}^{7+j} C_i$$

$$C'_\alpha = C_d + C_j, C_\alpha \in \alpha, C_j \in \alpha, C'_\alpha \in \beta$$

* 湖北咸宁——刘家桥

刘家桥内涵元素有

C_1 千年皇家村,汉高祖刘邦同父异母小弟"彭城王"刘交后裔刘元牙始建;

C_2 几百年的青砖黑瓦屋;

C_3 门口那台水车所在的位置是世代传出的取水遗址;

C_4 现有 5 处居民村落,总面积 3.5 万平方米,大小房屋 470 间,楼道 38 条,天井 54 个,以及廊桥和独木桥各一座;

C_5 公路一边的老建筑依山从上而下呈阶梯状,另一边的,则为平地起基,建筑风格为明清古庄园建筑;

C_6 廊桥独孔,拱形,累石而成. 桥上盖有廊亭,亭内栋梁上刻有龙凤八封图. 青瓦盖顶,廊桥桥身两侧用青砖砌成两米高方孔花格护栏墙. 墙内置有长凳,桥东一侧有木桶,村民轮番烧茶水,免费供应给江西通山去汉口的路人;

C_7 附近有 4A 级旅游景点——隐水洞.

2.6 名花·名树

* 名花

称 $C'_f\Lambda$ 为名气, 当且仅当其具有

$$C_d = \sum_{i=1}^{n} C_i$$
$$C'_f = C_d + C_g$$
$$g = 1 \text{ 显示性}$$
$$g = 2 \text{ 生态亲近性}$$
$$g = 3 \text{ 独特性}$$
$$g = 4 \text{ 公认性}$$

中国的杜鹃花是名花, 因为它有 $g = 1$ 显示性. 当春暖花开时, 大面积的灿烂花朵开满山坡, 开遍小溪旁, 在广阔的视野里, 一片花海.

$g = 2$ 生态亲近性. 一片花海令人心旷神怡.

$g = 3$ 其显示性是独特的, 其生态亲近性是无与伦比的.

$g = 4$ 公认性. 英国家庭家家都养杜鹃, 用来净化空气. 英国爱丁堡皇家植物园收集有 400 多种中国杜鹃. 1904 年英国爱丁堡皇家植物园园工弗雷史特受雇于一家英国花木公司来中国西南收集杜鹃, 28 年间采集到 200 多种. 在云南发现一株树龄达 280 年, 高 35 米, 围径 2.4 米的杜鹃王.

* 名树

称 $C'_f\Lambda$ 为名树, 当且仅当 $C_d = \sum_{i=1}^{n} C_i$, i 为树的一般生态性, C_j, $j=1$ 稀有性, $j=2$ 生态独特性.

例如, 中国湖北恩施名树水杉:

$j=1$ 水杉稀有性. 1941 年植物学家在恩施利川市谋道溪发现了一株有 600 多年树龄, 35 米高, 2.5 米胸径的水杉.

$j=2$ 水杉生态独特性. 6000 多万年以前, 冰川时期水杉在地球上灭绝.

现在湖北的水杉几乎都是这古老水杉种子繁育而得.

第 3 章　EC-折射灰关联分析

3.1　灰关联气质概言

序列是自然存在的、具体的. 序列间的关联性与关联序次是一种内在的气质.

EC-折射灰关联是通过 EC-5L 的折射挖掘序次间的关联气质, 以及与理想状态的接近气质.

3.2　气质可比性与淹没原理

3.2.1　气质可比性

"比较" 按内涵按气质进行, 称气质可比性.

气质可比性与数值可比性的区别在于后者进行比较会受到淹没性的干扰, 受到数值大小的诱惑.

气质比较对数值的追求, 改为对状态 1 的追求 (状态 1 是目标, 是参考), 同时通过 EC-折射折致淹没性.

3.2.2　淹没原理

作比较时,

(1) 小数值数据被大数值数据淹没;

(2) 气质弱的被气质强的忽略 (比如, 个体的小区域的信息与意愿被集体的大区域的信息与意愿).

3.3 气质可比性变换

经典 GRA 中的"极性"统一变换是追求目标 1 的变换, 其初值远小于一的数字只要它接近目标, 其数值就可以转换为 1. 比如, 极大值极性统一算式为

$$x'(k) = \frac{x(k)}{\max_i x_i(k)}$$

接近极大值 $\max_i x_i(k)$ 时, $x'(k)$ 就变换为接近 1.

反之, 其值远大于 1 的数值, 只要它接近目标, 其数值就可以缩小为 1.

3.4 EC-折射灰关联 4 公理

气质可比性公理 只有同类属的气质是可比的.

(1) 规范性公理: 对灰关联度设定 (0,1) 的规范区间, 体现数量类属性.

(2) 偶对对称性公理: 是序列气质具有可布置性的体现 (序列数值序不影响气质序).

(3) 整体性公理: 体现多因子气质的可整合性.

(4) 接近性公理: 序列的数字性接近转化为气质的内属性接近.

3.5 理想气质的状态分析

令 $\sigma = 10^i$, $i = 0, 1, 2, \cdots, n$,

(1) 若 $i=0$, $\sigma=1$ 为抽象理想状态 (比如, 数字的 0 次幂为 1). 按 EC-5L 折射 1 的内涵域是无穷尽的, 凡一切不必具体化的理想状态均可定义为 1. 比如, $i=4$, 万元户; $i=8$, 亿元户.

(2) 当 $i=1$, 或 0, $x_\sigma = (\sigma, \sigma, \cdots, \sigma)$ 为 n 维 σ 序列.

(3) 任意指标系 x_i 与状态序列 x_σ 之差, 定义为状态差 Δ_σ,

$$\Delta_\sigma(k) = \left|\sigma^i - x_j(k)\right| \quad (\text{一般取 } i = 0 \text{ 或 } 1)$$

(4) 定义

$$\Omega = 0.5 \max_i \max_k \Delta_{\sigma_i}(k)$$

(5) 定义

$$\omega = \min_i \min_k \Delta_{\sigma_i}(k)$$

(6) 定义

$$\gamma_{\sigma_i}(k) = \frac{\omega + \Omega}{\Delta_{\sigma_i}(k) + \Omega}$$

3.6 西部地区农业现代化指标系状态分析

3.6.1 西部地区状态分析内涵元素 C_i

C_1 气候条件相对较差;

C_2 贫困人口较多;

C_3 经济基础较差;

C_4 农业经济发展水平相对落后;

C_5 分析指标系:

    x_1 农业生产力 APF(Agricultural Productive Force),

    x_2 农村发展 AVD (Agricultural Village Development),

3.6 西部地区农业现代化指标系状态分析

x_3 农业可持续发展 ASD(Agriculture Sustainable Development),

x 综合指数 CI(Comprehensive Index);

C_6 时段：

t_1 2000 年前后,

t_2 2005 年前后,

t_3 2009 年前后;

C_7 参考文献 (王来栓, 朱润喜, "西部地区农业现代化研究",《未来与发展》, 2012, 第 10 期).

2009 年农业现代化指标系部分数据, 可见表 3.1.

表 3.1　2009 年农业现代化指标系部分数据

	APF	AVD	ASD
全国	26.85	16.37	17.81
东部	33.46	18.53	21.23
中部	29.75	15.58	19.93
西部	22.63	15.45	17.51

3.6.2 状态灰关联度计算

(1) 从数据表知, t_3 时段 "农业可持续发展" 指标系为

	x_3(ASD)
全国	17.81
东部	21.23
中部	19.93
西部	17.51

$$x_3 = (17.81, 21.23, 19.93, 17.51)$$

状态差 $\Delta_{\sigma_j}(k) = |\sigma^i - x_j(k)|$(取 $i=1$, $j=3$),

$$\Delta_\sigma(k) = (|10 - 17.81|, |10 - 21.23|,$$
$$|10 - 19.93|, |10 - 17.51|)$$
$$= (7.81, 11.23, 9.93, 7.51)$$

$$\min_i \min_k \Delta_\sigma(k) = 7.51$$
$$\max_i \max_k \Delta_\sigma(k) = 11.23$$
$$\Omega = 0.5 \max_i \max_k \Delta_\sigma(k)$$
$$= 0.5 \times 11.23 = 5.615$$
$$\omega = \min_i \min_k \Delta_\sigma(k)$$
$$= 7.51$$

$$\omega + \Omega = 7.51 + 5.615$$
$$= 13.125$$

$$\gamma_{\sigma_i}(k) = \frac{\omega + \Omega}{\Delta_\sigma(k) + \Omega}$$

$$\gamma_\sigma(1) = \frac{13.125}{7.81 + 5.615} = 0.9777$$
$$\gamma_\sigma(2) = \frac{13.125}{11.23 + 5.615} = 0.7792$$
$$\gamma_\sigma(3) = \frac{13.125}{9.93 + 5.615} = 0.8443$$
$$\gamma_\sigma(4) = \frac{13.125}{7.51 + 5.615} = 1$$

$$\xi_{\sigma_1} = \frac{1}{n} \sum_{k=1}^n \gamma_{\sigma_1}(k)$$
$$= \frac{1}{4}(0.9777 + 0.7792$$
$$+ 0.8443 + 1)$$
$$= 0.9003$$

3.6 西部地区农业现代化指标系状态分析

(2) 从数据表知, 在 t_3 时段西部 "农业生产力" 指标系为

	x_1(APF)
全国	26.85
东部	33.46
中部	29.75
西部	22.63

$$x_1 = (26.85, 33.46, 29.75, 22.63)$$

状态差 $\Delta_\sigma(k) = |\sigma^i - x_j(k)|$(取 $i=1, j=1$),

$$\Delta_\sigma(k) = (|10 - 26.85|, |10 - 33.46|,$$
$$|10 - 29.75|, |10 - 22.63|)$$
$$= (16.85, 23.46, 19.75, 12.63)$$

$$\min_i \min_k \Delta_\sigma(k) = 12.63$$
$$\max_i \max_k \Delta_\sigma(k) = 23.46$$
$$\Omega = 0.5 \max_i \max_k \Delta_\sigma(k)$$
$$= 0.5 \times 23.46$$
$$= 11.73$$
$$\omega = \min_i \min_k \Delta_\sigma(k)$$
$$= 12.63$$
$$\omega + \Omega = 12.63 + 11.73$$
$$= 24.36$$
$$\gamma_{\sigma_i}(k) = \frac{\omega + \Omega}{\Delta_\sigma(k) + \Omega}$$
$$\gamma_\sigma(1) = \frac{24.36}{16.85 + 11.73} = 0.8523$$
$$\gamma_\sigma(2) = \frac{24.36}{23.46 + 11.73} = 0.6922$$

$$\gamma_\sigma(3) = \frac{24.36}{19.75 + 11.73} = 0.7738$$

$$\gamma_\sigma(4) = \frac{24.36}{12.63 + 11.73} = 1$$

$$\begin{aligned}
\xi_{\sigma_1} &= \frac{1}{n} \sum_{k=1}^{n} \gamma_{\sigma_1}(k) \\
&= \frac{1}{4}(0.8523 + 0.6922 \\
&\quad + 0.7738 + 1) \\
&= 0.82957
\end{aligned}$$

(3) 从数据表知, 在 t_3 时段 "农村发展" 指标系为

	x_2(AVD)
全国	16.37
东部	18.53
中部	15.58
西部	15.45

$$x_1 = (16.37, 18.53, 15.58, 15.45)$$

状态差 $\Delta_\sigma(k) = |\sigma^i - x_j(k)|$ (取 $i=1$, $j=2$),

$$\begin{aligned}
\Delta_\sigma(k) &= (|10 - 16.37|, |10 - 18.53|, \\
&\quad |10 - 15.58|, |10 - 15.45|) \\
&= (6.37, 8.53, 5.58, 5.45)
\end{aligned}$$

$$\min_i \min_k \Delta_\sigma(k) = 5.45$$

$$\max_i \max_k \Delta_\sigma(k) = 8.53$$

$$\begin{aligned}
\Omega &= 0.5 \max_i \max_k \Delta_\sigma(k) \\
&= 0.5 \times 8.53 \\
&= 4.265
\end{aligned}$$

3.6 西部地区农业现代化指标系状态分析

$$\omega = \min_i \min_k \Delta_\sigma(k)$$
$$= 5.45$$

$$\omega + \Omega = 5.45 + 4.265$$
$$= 9.715$$

$$\gamma_{\sigma_i}(k) = \frac{\omega + \Omega}{\Delta_\sigma(k) + \Omega}$$

$$\gamma_\sigma(1) = \frac{9.715}{6.37 + 4.265} = 0.9135$$

$$\gamma_\sigma(2) = \frac{9.715}{8.53 + 4.265} = 0.7593$$

$$\gamma_\sigma(3) = \frac{9.715}{5.58 + 4.265} = 0.9868$$

$$\gamma_\sigma(4) = \frac{9.715}{5.45 + 4.265} = 1$$

$$\xi_{\sigma_1} = \frac{1}{n} \sum_{k=1}^{n} \gamma_{\sigma_1}(k)$$
$$= \frac{1}{4}(0.9135 + 0.7593$$
$$+ 0.9868 + 1)$$
$$= 0.9149$$

第4章 EC-折射灰建模

4.1 EC-折射灰微分方程

4.1.1 等分时轴

令 e 或 e^1 为时间轴 1 的 1 次等分；e^n 为 e^1 的 n 次等分，当 $n \to \infty$，e^∞ 为无穷多次等分. 若记等分间隔为 Δt，则 $e^1 \to \Delta t = 1$，$e^\infty \to \lim \Delta t \to 0$. 如图 4.1 所示.

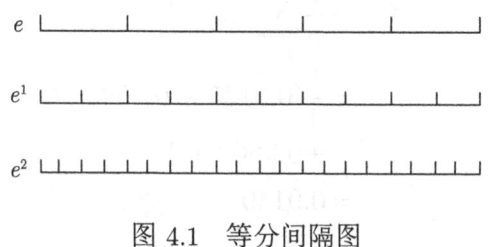

图 4.1 等分间隔图

事实上，e^1 为序列的时轴.

4.1.2 差内涵及白导数、白微分方程

连续函数 $x(t)$，其 $x(t+\Delta t) - x(t)$ 具有差内涵，记为 $c(\Delta)$.

定义 4.1 在 e^∞ 上的 $c(\Delta)$ 称为白导数，记为 $\dfrac{dx}{dt}$，含 $\dfrac{dx}{dt}$ 的方程为白微分方程.

4.1.3 灰导数、背景值折射的灰微分方程

定理 4.1 在 AGO 轴上, (即 e^1 轴上, $x^{(0)}(k) = x^{(1)}(k+1) - x^{(1)}(k)$ 为灰导数.

证明 $(1) x^{(0)}(k)$ 的差内涵 $c(\delta)$ 从 $x^{(0)}(k) = x^{(1)}(k+1) - x^{(1)}(k)$ 是显见的.

(2) 因为 $c(\delta)$ 定义在 e^1 轴上, 而不是 e^∞ 上, 故为灰导数.

命题 4.1 $x^{(1)}(k+1)$ 与 $x^{(1)}(k)$ 为 AGO 轴上两个独立的点, 必有平均值 $z^{(1)}(k) = 0.5x^{(1)}(k) + 0.5x^{(1)}(k+1)$, $z^{(1)}(k)$ 的现象是平均值, 其气质是背景. 因为只要 $x^{(1)}(k)$ 与 $x^{(1)}(k+1)$ 独立存在, 则必有 $z^{(1)}(k)$, 否则此两点非独立存在. 所以按 RL(一次折射) 知, $z^{(1)}(k)$ 是两个点的背景, 也是整个 AGO 轴上, 任意两点的背景值.

命题 4.2 由灰导数 $x^{(0)}(k)$ 与背景值 $z^{(1)}(k)$ 构成的方程:

$$x^{(0)}(k) + az^{(1)}(k) = b$$

为灰微分方程.

证明 从定理 4.1 与命题 4.2 知, 此命题成立.

4.2 GM(1,1) 建模示例

建模数据引自下述数据表 (参见王来栓, 朱润喜 "西部地区农业现代化进程研究,"《未来与发展》, 2012, 第 10 期). 在下述数据表 4.1 中 "农业生产力 (APF)" 是农机总动力折射的气质, "农村发展 (AVD)" 是农业现代化折射的气质, "农业可持续发展 (ASD)" 是农业生态态势折射的

气质,"综合指数"是农业生态文明以及含生态惯性的农业广义能量系统 AGNS 折射的气质.

综合指数在发展时间上折射为 t_1 与 t_2 两个时区,两个综合指数 $x^{(0)}$ 序列分别为

t_1 时段,

$x^{(0)}$=(54.75, 71.65, 54.79, 48.9, 50.4, 81.34, 74.18)
　　　(全国)　(东部)　(中部)　(西部)　(东北)　(北京)　(天津)

t_2 时段,

$$x^{(0)} = (61.02, 73.21, 65.25, 55.57, 54.78, 87.97, 69.75)$$

表 4.1　我国农业现代化水平和综合指数分析指标

	农业生产力 (APF)	农村发展 (AVD)	农业可持续发展 (ASD)	综合指数 (t_1)	综合指数 (t_2)
全国	26.85	16.37	17.81	54.75	61.02
东部	33.48	18.53	21.23	71.65	73.21
中部	29.75	15.58	19.93	54.79	65.25
西部	22.63	15.45	17.51	48.9	55.57
东北	20.11	18.14	16.55	50.4	54.78
北京	34.79	25.06	28.12	81.34	87.97
天津	34.58	23.05	12.12	74.18	69.75

以 t_1 时段

$$x^{(0)} = (x^{(0)}(1), x^{(0)}(2), x^{(0)}(3), x^{(0)}(4),$$
$$x^{(0)}(5), x^{(0)}(6), x^{(0)}(7))$$
$$= (54.75, 71.65, 54.79, 48.9,$$
$$50.4, 81.34, 74.18)$$

4.2 GM(1,1) 建模示例

作 GM(1,1) 建模,得建模序列 $\hat{x}^{(0)}$ 为

$$\hat{x}^{(0)} = (\hat{x}^{(0)}(1), \hat{x}^{(0)}(2), \hat{x}^{(0)}(3), \hat{x}^{(0)}(4),$$
$$\hat{x}^{(0)}(5), \hat{x}^{(0)}(6), \hat{x}^{(0)}(7))$$
$$= (54.75, 56.2122, 58.9361, 61.7919,$$
$$64.7861, 67.9255, 71.2169)$$

得残差序列 e 如下:

$$e = (e(2), e(3), e(4), e(5), e(6), e(7))$$
$$= (21.5461\%, -7.5673\%, -26.3638\%,$$
$$-28.5438\%, 16.4919\%, 3.9945\%)$$

从 e 知平均残差 14.9296%, 平均精度 85.08%, 最大残差 −28.5438%, 最小残差 3.9945%, 最大精度 96.0055%.

以 t_2 时段

$$x^{(0)} = (61.02, 73.21, 65.25, 55.57, 54.78, 87.97, 69.75)$$

作 GM(1,1) 建模,得模型序列 $\hat{x}^{(0)}$ 为

$$\hat{x}^{(0)} = (\hat{x}^{(0)}(1), \hat{x}^{(0)}(2), \hat{x}^{(0)}(3), \hat{x}^{(0)}(4),$$
$$\hat{x}^{(0)}(5), \hat{x}^{(0)}(6), \hat{x}^{(0)}(7))$$
$$= (61.02, 63.9848, 65.4438, 66.9361,$$
$$68.4624, 70.0235, 71.6202)$$

得残差序列

$$e = (e(2), e(3), e(4), e(5), e(6), e(7))$$
$$= (12.601\%, -0.297\%, -20.4537\%,$$
$$-24.977\%, 20.4007\%, -2.6813\%)$$

从 e 知平均残差 8.4014%, 平均精度 91.59%, 最大残差 24.977%, 最小残差 −0.297%, 最大精度 99.703%.

t_1 时段综合指数 GM(1,1) 最大精度 96.0055%, t_2 时段综合指数 GM(1,1) 最大精度 99.703%, 表明 t_2 时段距农业广义能量系统的状态更近, 表明生态文明程度更高.

第 5 章　EC-折射灰决策

5.1 "成全"（Accomplish）与局势

"成全" $C_d \Lambda$ 与 "局势" $S=(a,b)$ 都是 "配合"．前者是将名气资源 C_d 赋予 Λ；后者是用对策 b 对付事件 a，这两种配合的效能统称 "补益"（Benefit）Be. $C_d \Lambda$ 的补益是虚值、是气质，并与公认度 v 休戚相关．气质（或气质度）β^0 可表示为

$$\beta^0 = \left(\frac{公益}{私益} \times v\right)$$

上式表示公认度 v 对 β^0 有显现的和潜在的两种影响．作为符号 $A(a,b)$ 它的内涵是

(1) a 为主体 b 为配体；

(2) $b \notin \phi \Rightarrow A \notin \phi$ 且 $|A| \geqslant C$(临界值)，

在 β^0 中表示只要公认度 v 存在，则气质 β^0 一定存在而且有相当高的气质度．

5.2　补　　益

按临界律 CL 知，名气资源 C_d' 满足

$$C_d' = C_d + C_j$$

有 $C_i \in \alpha$, $i=1,2,\cdots,d$；有气质集 $\beta \succ \alpha$

$$C_d = \sum_{i=1}^{d} C_i$$

$$C'_d = \sum_{i=1}^{d+j} C_i, \quad d\text{为临界值}$$

$$C'_d = C_d + C_j, \quad C_d \in \alpha, C_j \in \alpha, C'_d \in \beta$$

$$I = \{1, 2, \cdots, d\},$$

$$J = \{j-m, j-m+1, j-m+2, \cdots, j\}$$

称 I 为本元集, J 为补益元集. 若有 $\beta \succ \alpha$ (高气质元集), $C_l \in L$, $C_m \in M \subseteq I$, $C_l \in \alpha$, $C_m \in \alpha$, 有

(i) $C_l + C_m \in \beta'$, $\beta' \succ \beta$ 且为 I 中全子集元并称 L 中元素对 M 全补益, M 为 I 中特定子集元并;

(ii) 称 L 中元素对 M 专业补益.

5.3 获益与气质偶对

下述偶对统称气质偶对:

(1) (优点, 缺点)(merit, defect)(mer-def)(对人);

(2) (产出, 投入)(output, input)(out-inp) (对生产);

(3) (阳, 阴)(yang, yin)(yan-yin) (对世界);

(4) (正确, 错误)(correct, error)(corr-err) (对事);

(5) (积极, 消极)(active, negative)(act-neg) (精神状态气质);

(6) (正, 负)(positive, negative)(po-neg) (数字的气质);

(7) (赚, 赔)(gain, loss)(gain-loss)(商业);

(8) (极大极性, 极小极性)(maximum, minimum)(max-min) (序列);

(9) (增加, 减少)(increase, decrease)(inc-dec) (运动态).

5.3 获益与气质偶对

称 T 为气质集，当且仅当它包含下述偶对：

$$T = \{(\text{mer-def})(\text{out-inp})(\text{yan-yin})$$
$$(\text{corr-err})(\text{act-neg})(\text{gain-loss})$$
$$(\text{max-min})(\text{inc-dec})\}$$

称 T 中子集气质集 T_a 为实体子集 (actual)，当且仅当满足

$$T_a = \{(\text{out-inp})(\text{gain-loss})(\text{inc-dec})\}$$

称 T_a 对应的气质为 a 气质 (比如石油的气质).

称 T 中子集 T_e 为虚体子集 (emptiness)

$$T_e = \{(\text{mer-def})(\text{yan-yin})(\text{corr-err})$$
$$(\text{act-neg})(\text{po-neg})(\text{max-min})\}$$

称 T_e 对应的气质为 e 气质 (比如 GM(1,1) 模型的气质)，a 气质折射为 M 气质. M 中含所有具极大值极性的气质序列. e 气质折射为 N 气质，N 中含所有具极小值极性的气质序列. $M \cup N$ 气质是基本气质. EC 理论就是挖掘 E 中 $M \cup N$ 气质的理论. a 气质序列与 e 气质序列统称气质序列，然而尤指 a 气质序列. T_e 中偶对 (act-neg)(积极–消极) 为显性气质偶对. "积极气质" 是资源效能与价值的杨显气质，是资源 "获益" 的主要方面. "消极气质" 是资源效能与价值的柳垂气质，是资源 "获益" 的配合方面. 并认为积极气质及一切具有追求最佳状态的气质都定为极大值极性 (比如所有环境因子). 此外，不确定的极性及适中极性均折射为极大值极性的部分 "权".

若资源集 W 中含 ω_M 积极气质子集 (极大值极性序列子集)，ω_N 为消极气质子集 (极小值极性序列子集)，即 $W=\omega_M\cup\omega_N$；令 ω_x 为不确定

极性与适中值极性子集, 称 B^0 为 W 的获益, 当且仅当

$$U = \omega_M$$
$$V = \omega_N$$
$$B^0 = \frac{\rho \text{Pot}(U)}{\text{Pot}(V)}$$
$$\rho = (1 + k_1 \times 10^{-1} + k_2 \times 100^{-1})$$

并且有

(i) $V \in \phi$, $\text{Pot}V = 1$

(ii) $\text{Pot}U = \text{Pot}\omega_M$, $\text{Pot}V = \text{Pot}\omega_N$,

当 $\omega_M = \{m_i | i=1,2,\cdots,m\}$, $\text{Pot}U = m$;

当 $\omega_M = \{1,2,\cdots,\omega_i,\cdots,m\}$, $\omega_i = \{m_{1_i}, m_{2_i}, \cdots, m_{y_i}\}$,

则 $\text{Pot}U = m - 1 + m_{y_i}$.

(iii)

$$k_1 = \begin{cases} 1, & \text{若 } \text{Pot}(\omega_x) \in (10, 5] \\ 2, & \text{若 } \text{Pot}(\omega_x) \in (20, 10] \\ 0, & \text{若 } \omega_x \in \phi, \end{cases}$$

$$k_2 = \begin{cases} i, & \text{若 } \text{Pot}(T_H) = i \\ 0, & \text{若 } T_H \in \phi \end{cases}$$

定理 5.1 获益值 B^0 从 2 开始.

证明   因为气质 (度) β^0 表达式为

$$\beta^0 = \left(\frac{公益}{私益} \times v\right)$$

上式表明

$$B^0 \text{中 } U = \{公益, v\}, \quad \text{Pot}U = 2$$

5.3 获益与气质偶对

$$B^0 中 V = \{私益\}, \quad \text{Pot}V = 1,$$

显见 B^0 从 2 开始.

附注 获益在决策与评估准则中的社会意义. 极大值极性是阳性气质, 它折射为追求上进, 催人奋进的精神正能量. 比如, 文化资源必须有公益气质. 公益气质为极大值极性, 只有公益极性达最大值才能吸引游客. 所以 "获益"

$$B^0 = \frac{\rho \text{Pot}(U)}{\text{Pot}(V)}$$

表明 B^0 越大, $\text{Pot}U$ 越大, 精神正能量越大, 启示与激发正能量的作用越大, 教育意义越大.

获益类型 获益有公认获益 (Public Identify) 与通认获益 (Common Identify) 两种类型, 前者记为 B_{conun} 或 B_c, 后者记为 B_0. B_c 表示公认的 "引经据点" 数 (如诗歌、经典文献、网络辞典、专著记载数). 且 $B_c \succ B^0$, B_c 为主, B^0 为辅, 并记为 $E(B_c \cdot B^0)$, 即 B_c 存在则 $B^0 \in \phi$. ($EB_c \to B^0 \in \phi$).

记 T_h 为高气质资源 (包括名人), T_H 为 T_h 的全体, T_l 为低气质资源, T_L 为 T_l 的全体, $T_h(x)$ 表示 x 被 T_h 认定为高气质. 有下述公理 (权威认定公理).

认定公理 若 T_h^* 为 T_H 中顶点 (T_h^* 的气质高于 T_H 中所有 T_h 的气质), 又有 ox 表示 x 是被认定的, 则

(i) $D(T_h^*(x)ox)$, x 具有顶点获益 B_T;

(ii) 若 $\tau_h \succ T_h^*$, 则 $D(\tau_h(y) \circ y)$, $y \succ x$, 且 y 获益 $B_y \in (B_T \cdot \partial)$, ∂ 表示气质的多重认定. 比如 T_h^* 表示唐代诗人李白, x 为黄鹤楼, 当 τ_h 为毛泽东时, 则 $D(\tau_h(y) \circ y)$ 为黄鹤楼的多重认定.

5.4 获益计算示例

例 5.1 内蒙 — 室韦

环境内涵元素:

C_1 蓝天;

C_2 绿草;

C_3 白桦林;

C_4 神秘的玛瑙草原;

C_5 亚洲最美湿地;

C_6 温暖的木刻楞房.

这些是追求最佳状态极性内涵 (即 max 极性).

极性不确定内涵元素:

C_7 蒙古民族;

C_8 华俄混血后裔;

C_9 较高的多元文化水平;

C_{10} 热情好客民风;

C_{11} 黄皮肤的智慧男人;

C_{12} 蓝眼睛的热情女人,

有

$$U = \{C_1, C_2, C_3, C_4, C_5, C_6\}, \quad \text{Pot}(U) = 6$$
$$V \in \phi, \quad \text{Pot}(V) = 1$$
$$\omega_x = \{C_7, C_8, C_9, C_{10}, C_{11}, C_{12}\}, \quad \text{Pot}(\omega_x) = 6$$
$$\text{Pot}(\omega_x) \in (10, 5), k = 1$$

5.4 获益计算示例

有

$$\rho = (1 + k \times 10^{-1}) = 1.1$$

$$B_{sw}^0 = \frac{\rho \text{Pot}(U)}{\text{Pot}(V)} = \frac{1.1 \times 6}{1} = 6.6$$

例 5.2 安徽西递 — 宏村

环境内涵元素:

C_1 仿生人工水系;

C_2 合理的民居布局;

C_3 较强的文物保护意识;

C_4 多元文化 (儒商、徽商、宗祠);

C_5 石雕、木刻艺术的文化遗产.

以上认定为最佳状态 (含最佳保护) 追求气质资源.

极性不确定气质资源有

C_6 明清古民居;

C_7 宗祠文化的祠堂;

C_8 儒家文化的牌坊;

C_9 徽商儒雅文化的楹联;

C_{10} 石雕;

C_{11} 牌匾;

C_{12} 漏窗.

$$U = \omega_M = \{C_1, C_2, C_3, C_4, C_5\}, \quad \text{Pot}(U) = 5$$
$$V \in \phi, \quad \text{Pot}(V) = 1$$
$$\omega_x = \{C_6, C_7, C_8, C_9, C_{10}, C_{11}, C_{12}\}, \quad \text{Pot}(\omega_x) = 7$$
$$\rho = (1 + k \times 10^{-1}), \quad \text{Pot}(\omega_x) \in (10, 5), k = 1$$

故有

$$B_{xd}^0 = \frac{\rho \text{Pot}(U)}{\text{Pot}(V)} = \frac{1.1 \times 5}{1} = 5.5$$

例 5.3　江苏 — 扬州

C_1 蜀冈 —— 国家瘦西湖国家重点风景名胜区;

C_2 康乾时代已形成的 "两堤花柳全依水" 的秀景;

C_3 南方元秀;

C_4 北方元雄;

C_5 湖滨碑廊;

C_6 万花园;

C_7 扬州盆景;

C_8 私家花园 (儒雅文化): 知园复兴;

C_9 《余秋雨的历史散文》;

C_{10} 多首赞扬扬州的诗句 "骑鹤下扬州" 以及 "烟花三月下扬州" 等;

C_{11} 南北联通运河兴修投资;

C_{12} 过去东方世界最艳丽城市复兴投入.

$$U = \omega_M = \{C_1, C_2, C_3, C_4, C_5, C_6, C_7, C_8\}, \text{Pot}(U) = 8,$$
$$V = \omega_N = \{C_8, C_{11}, C_{12}\}, \quad \text{Pot}(V) = 3$$
$$\rho = (1 + k_1 \times 10^{-1}), k_1 = 0, \rho = 1$$
$$B_0 = \frac{\rho \text{Pot}(U)}{\text{Pot}(V)} = \frac{8}{3} = 2.666$$

令 T_{hy} 为扬州气质资源有 $T_{hy} \in C_y = \{C_9, C_{10}\}$, 基于 $T_{hy} \prec T_h^*$, 按 $D(T_{hy}(y') \circ y')$, 有 $B_y' \in \{B_T, \partial^0\}$, 在 $T_{hy} \prec T_h^*$ 条件下, ∂^0 折射为 B_T 加权时, $\partial^0 \ll 1, \partial^0 \geqslant 0$. 一般取 $\partial^0 = 0.7$, 则 $\rho \text{Pot}(U) \Rightarrow \phi \text{Pot}(U)$,

$$\phi = (1 + k_1 \times 10^{-1} + 0.7)$$

扬州获益 B^0 变为

$$B_{yz}^0 = \frac{\rho \text{Pot}(U)}{\text{Pot}(V)} = \frac{\phi \text{Pot}(U)}{\text{Pot}(V)} = \frac{(1 + 0.7) \times 8}{3} = 4.533$$

5.4 获益计算示例

例 5.4 湖南娄底 — 杨市 (杨家滩)

湘中文化：

C_1 湘军策源地；

C_2 湘军名将故居；

C_3 曾国藩名气资源；

C_4 毗邻国家森林公园 —— 龙山：观音岩、仙人石、飞水瀑布、飞水漂流；

C_5 杨市八景：

    C_{51} 犀牛望月，

    C_{52} 龙潭吸水，

    C_{53} 九江庙碑林，

    C_{54} 天柱山峰，

    C_{55} 和庵堂寺观，

    C_{56} 龙山楠竹村，

    C_{57} 龙山山泉，

    C_{58} 龙山毛边纸作坊；

C_6 毛边纸作坊；

C_7 淘金河溪；

C_8 山泉旁引淘金；

C_9 深宅大院改建规划；

C_{10} 私家花园扩展规划；

C_{11} 娄底红网；

C_{12} 湖南省第二批历史文化名镇名单；

C_{13} 《清史稿》；

C_{14} 《历代名人与娄底》，中国文史出版社；

C_{15} 百度百科.

杨市有下述板块:

$m_1 = \{C_1, C_2, C_3\}$ 为追求最大知名度板块;

$m_2 = \{C_{51}, C_{52}, C_{53}, C_{54}, C_{55}, C_{56}, C_{57}, C_{58}\}$ 追求最佳状态板块;

$m_3 = \{C_{11}, C_{12}, C_{13}, C_{14}, C_{15}\}$ 引经据典板块.

令

$$U = m_1 \cup m_2, \quad \text{Pot}U = 11$$
$$V = \{C_6, C_7, C_8, C_9, C_{10}\}, \quad \text{Pot}V = 5$$
$$T_{hys} = \{C_1, C_2, C_3, m_3\}$$
$$T_{hys} \prec T_h^*, D(T_{hys}(y')\text{o}y') \to B_y \in \{B_T, \partial^0\}$$

取 $\partial^0 = 0.6$, 则有

$$B_{ys}^0 = \frac{\text{Pot}U + 0.6\text{Pot}U}{\text{Pot}V} = \frac{11 + 0.6 \times 11}{5} = 3.52$$

例 5.5 江苏 — 同里

C_1 五湖绕于外;

C_2 一镇含于水;

C_3 河水将镇分割为七个街区;

C_4 30 座古桥连成小城;

C_5 家家临水, 户户通船.

$$U = \omega_M = \{C_1, C_2, C_3\}, \quad \text{Pot}U = 3$$
$$\omega_x = \{C_4, C_5\}, \quad V \in \phi, \quad \text{Pot}(V) = 1$$

故有

$$\text{Pot}(\omega_x) = 2, \quad \text{Pot}(\omega_x) \notin (10, 5]$$
$$B_{tl}^0 = \frac{\text{Pot}U}{\text{Pot}V} = \frac{3}{1} = 3$$

5.4 获益计算示例

名镇气质序：

$$T_{sw}(\text{内蒙, 室韦}) \atop 6.6$$
$$\succ T_{xd}(\text{安徽, 西递}) \succ T_{yz}(\text{江苏, 扬州}) \atop 5.5 \qquad\qquad 4.53$$
$$\succ T_{ys}(\text{湖南, 杨市}) \succ T_{tl}(\text{江苏, 同里}) \atop 3.52 \qquad\qquad 3$$

第6章 GM(1, N) 多变量灰动态模型中的气质

前言: 从简单的影响 $a\mathscr{O}b$ 推导出来的指数律是一般数理关系到动态到储能放能过程的气质折射, 体现气质论中的折射率.

6.1 GM(1, N) 动态气质折射

有指数成分 $ce^{\tau t}$, c, τ 为常数. 在推导前 (开拓前) 是外延表达. 在能量命题中是动态成分 (储能率能有指数律动态), 另外, 还有外延表达的时间成分 $\Lambda(k)$.

令 $x_1^{(0)}(k)$ 为 GM(1, N) 模型行为的外延表达, 开拓前在时间轴 k 点有

$$t = k \text{ 点}, \quad x_1^{(0)}(k) = ce^{\tau t} + \Lambda(k) \tag{1}$$

$$t = k - 1 \text{ 点}, \quad x_1^{(0)}(k-1) = ce^{\tau t} + \Lambda(k-1) \tag{2}$$

$\dfrac{(1)}{(2)}$ 有

$$\frac{x_1^{(0)}(k) - \Lambda(k)}{x_1^{(0)}(k-1) - \Lambda(k-1)} = \frac{ce^{\tau k}}{ce^{\tau(k-1)}} = e^{\tau}$$

从而有

$$x_1^{(0)}(k) - \Lambda(k) = \left(x_1^{(0)}(k-1) - \Lambda(k-1)\right)e^{\tau}$$

$$x_1^{(0)}(k) = x_1^{(0)}(k-1)e^{\tau} + \Lambda(k) - \Lambda(k-1)e^{\tau}$$

上式与 (1) 中 GM(1, N, $x^{(0)}$) 比较有

6.1 GM(1, N) 动态气质折射

GM(1, N, $x^{(0)}$): $\quad x_1^{(0)}(k) = (1-\alpha)x_1^{(0)}(k-1) + \sum_{i=2}^{N} \beta_i x_i^{(0)}(k)$

比较 1°: $(1-\alpha)=\mathrm{e}^\tau$, $\quad \tau=\ln(1-\alpha)$

比较 2°: $\sum_{i=2}^{N} \beta_i x_i^{(0)}(k) = \Lambda(k) - \Lambda(k-1)\mathrm{e}^\tau$

$$\Rightarrow \Lambda(k) = \sum_{i=2}^{N} \beta_i x_i^{(0)}(k) + \Lambda(k-1)\mathrm{e}^\tau$$

令 $k=2$ 有

$$\Lambda(2) = \sum_{i=2}^{N} \beta_i x_i^{(0)}(2) + \Lambda(1)\mathrm{e}^\tau$$

从原始定义出发有 $x_1^{(0)}(k) = c\mathrm{e}^{\tau k} + \Lambda(k)$, 进而有

$$x_1^{(0)}(k-1) = c\mathrm{e}^{\tau(k-1)} + \Lambda(k-1)$$

$k=2$, 有

$$x_1^{(0)}(1) = c\mathrm{e}^\tau + \Lambda(1)$$

$$\Lambda(1) = x_1^{(0)}(1) - c\mathrm{e}^\tau$$

代入 $\Lambda(2)$ 中,

$$\Lambda(2) = \sum_{i=2}^{N} \beta_i x_i^{(0)}(2) + \left(x_1^{(0)}(1) - c\mathrm{e}^\tau\right)\mathrm{e}^\tau$$

$$= \sum_{i=2}^{N} \beta_i x_i^{(0)}(2) + x_1^{(0)}(1)\mathrm{e}^\tau - c\mathrm{e}^{2\tau}$$

以 $k=3$ 代入比较 2° 有

$$\Lambda(3) = \sum_{i=2}^{N} \beta_i x_i^{(0)}(3) + \Lambda(2)\mathrm{e}^\tau$$

$$= \sum_{i=2}^{N} \beta_i x_i^{(0)}(3) + \left[\sum_{i=2}^{N} \beta_i x_i^{(0)}(2) + x_1^{(0)}(1)\mathrm{e}^\tau - c\mathrm{e}^{2\tau}\right]\mathrm{e}^\tau$$

$$= \sum_{i=2}^{N} \beta_i x_i^{(0)}(3) + \sum_{i=2}^{N} \beta_i x_i^{(0)}(2)\mathrm{e}^{\tau} + x_1^{(0)}(1)\mathrm{e}^{2\tau} - c\mathrm{e}^{3\tau}$$

$$= \sum_{m=2}^{3} \sum_{i=2}^{N} \beta_i x_i^{(0)}(m)\mathrm{e}^{(3-m)\tau} + x_1^{(0)}(1)\mathrm{e}^{2\tau} - c\mathrm{e}^{3\tau}$$

令 $\Lambda(j-1)$ 成立 (上式中 3 用 $j-1$ 取代) 有

$$\Lambda(j-1) = \sum_{m=2}^{j-1} \sum_{i=2}^{N} \beta_i x_i^{(0)}(m)\mathrm{e}^{(j-1-m)\tau} + x_1^{(0)}(1)\mathrm{e}^{(j-2)\tau} - c\mathrm{e}^{(j-1)\tau}$$

进而有

$$\Lambda(j) = \sum_{i=2}^{N} \beta_i x_i^{(0)}(j) + \Lambda(j-1)\mathrm{e}^{\tau}$$

$$= \sum_{i=2}^{N} \beta_i x_i^{(0)}(j) + \left[\sum_{m=2}^{j-1} \sum_{i=2}^{N} \beta_i x_i^{(0)}(m)\mathrm{e}^{(j-1-m)\tau}\right.$$

$$\left. + x_1^{(0)}(1)\mathrm{e}^{(j-2)\tau} - c\mathrm{e}^{(j-1)\tau}\right]\mathrm{e}^{\tau}$$

$$= \sum_{m=2}^{j} \sum_{i=2}^{N} \beta_i x_i^{(0)}(m)\mathrm{e}^{(j-m)\tau} + x_1^{(0)}(1)\mathrm{e}^{(j-1)\tau} - c\mathrm{e}^{j\tau}$$

将 $\Lambda(j)$ 代入原始定义有

$$x_1^{(0)}(k) = c\mathrm{e}^{\tau t} + \Lambda(k)$$

$$= c\mathrm{e}^{\tau k} + \sum_{m=2}^{k} \sum_{i=2}^{N} \beta_i x_i^{(0)}(m)\mathrm{e}^{(k-m)\tau} + x_1^{(0)}(1)\mathrm{e}^{(k-1)\tau} - c\mathrm{e}^{k\tau}$$

$$= \sum_{m=2}^{k} \sum_{i=2}^{N} \beta_i x_i^{(0)}(m)\mathrm{e}^{(k-m)\tau} + x_1^{(0)}(1)\mathrm{e}^{(k-1)\tau}$$

$$x_1^{(0)}(k) = \sum_{m=2}^{k} \sum_{i=2}^{N} \beta_i x_i^{(0)}(m)\mathrm{e}^{(k-m)\ln(1-\alpha)} + x_1^{(0)}(1)\mathrm{e}^{(k-1)\ln(1-\alpha)}$$

上述指数律按气质论的折射率知: 它体现动态性、能量性、影响性.
从 x_i 对 x_1 的介入看它体现动态介入、能量介入、影响介入.

6.2 GM(1, N) 气质的开拓概言

对于 GM(1, N) 外延表达

$$x_1^{(0)}(k) + az_1^{(1)}(k) = b_1 x_1^{(1)}(k) + b_2 x_2^{(1)}(k) + \cdots + b_N x_N^{(1)}(k)$$

或

$$x_1^{(0)}(k) + az_1^{(1)}(k) = \sum_{i=2}^{N} b_i x_i^{(1)}(k), \quad k = 1, 2, \cdots, n$$

可以具有赋予性:

(1) 在中药中: x_1 为病症, x_i 为 i 种中草药. GM(1, N) 折射的气质是病症的药剂治理机理.

(2) 在控制论中: x_1 为主通道信息, x_i 为 i 个反馈信息通道.

(3) 在经济中: x_1 为整合后经济表达 (如 GDP 生产总量或总值). 比如湖北省老河口市科技、经济、社会协调发展总体规划 (1987 年 3 月, 在湖北省科委领导下, 采用灰色理论完成 —— 责任人邓聚龙等).

6.3 GM(1, N) 在中药组方中治疗气质折射研究

6.3.1 中药组方治疗机制

对于 GM(1, N) 外延表达

$$x_1^{(0)}(k) + az_1^{(1)}(k) = b_1 x_1^{(1)}(k) + b_2 x_2^{(1)}(k) + \cdots + b_N x_N^{(1)}(k)$$

作下述定义:

(i) $b_1 = b$.

(ii) a 与 b 是药分析的数值根据.

(iii) a 为常阳活力 (常温阳气下的活力 (NSV, Normal Sunlight Vitality)) 按《黄帝内经·素问·生气通天论》有 "生之本, 本于阴阳".

(iv) b_i, $i \neq 1$ 表示药物 $x_i^{(1)}$ 对疾病 a_1 的介入 (治疗) 强度.

(v) 有疗效集 $X = \{x_i | i \in I\}$ 当

(a) $l_i^{(1)} = \text{Pot}(I)$ 为药方分析 ($l_i^{(1)}$ 为序列 x_i 的长度即序列中数据的个数);

(b) $l_i^{(1)} = m$ (对于 x_i, $i \in I$, $m = \sum i$) 为药物分析 ($l_i^{(1)}$ 可以表示长度为 m 的序列).

6.3.2 中药组方治疗分析示例

令 x_1 为 "气虚", 有病症

(1) "面色萎白";

(2) "语声低微";

(3) "四肢无力";

(4) "食少";

(5) "便溏";

(6) "舌质淡";

(7) "脉虚缓无力".

有下述病症认知序列 $x_1^{(0)}$ 为

$$x_1^{(0)} = (x_1^{(0)}(1), x_1^{(0)}(2), x_1^{(0)}(3), x_1^{(0)}(4), x_1^{(0)}(5))$$
$$= (1,\ 0.8,\ 0.7,\ 0.5,\ 0.4)$$

这表示 "面色萎白" 认知度为 100%; "语声低微" 认知度为 80%; "四肢无力" 认知度为 70%; "食少" 认知度为 50%; "便溏" 认知度为 40%.

有药物

$x_2^{(1)}$ 人参;

$x_3^{(1)}$ 白术;

$x_4^{(1)}$ 茯苓;

$x_5^{(1)}$ 炙甘草.

对 5 个 "气虚" 样本患者治疗的效果序列分别为

$$x_2^{(1)} = (x_2^{(1)}(1^\#), x_2^{(1)}(2^\#), x_2^{(1)}(3^\#), x_2^{(1)}(4^\#), x_2^{(1)}(5^\#))$$
$$= (1, 0.7, 0.6, 0.5, 0.3)$$

这表示对患者 1# 用人参治 "气虚" 有效率为 100%; 对患者 2# 用人参治 "气虚" 有效率为 70%; 对患者 3# 用人参治 "气虚" 有效率为 60%; 对患者 4# 用人参治 "气虚" 有效率为 50%; 对患者 5# 用人参治 "气虚" 有效率为 30%.

仿此, 有下面的效果序列.

白术治 "气虚" 效果序列 $x_3^{(1)}$ 为

$$x_3^{(1)} = (x_3^{(1)}(1^\#), x_3^{(1)}(2^\#), x_3^{(1)}(3^\#), x_3^{(1)}(4^\#), x_3^{(1)}(5^\#))$$
$$= (1, 0.1, 0.1, 0.5, 0.1)$$

这表示对患者 1# 用白术治 "气虚" 有效率为 100%; 对患者 2# 用白术治 "气虚" 有效率为 10%; 对患者 3# 用白术治 "气虚" 有效率为 10%; 对患者 4# 用白术治 "气虚" 有效率为 50%; 对患者 5# 用白术治 "气虚" 有效率为 10%.

茯苓治 "气虚" 效果序列 $x_4^{(1)}$ 为

$$x_4^{(1)} = (x_4^{(1)}(1^\#), x_4^{(1)}(2^\#), x_4^{(1)}(3^\#), x_4^{(1)}(4^\#), x_4^{(1)}(5^\#))$$
$$= (0.8, 0.1, 0.1, 0.6, 0.5)$$

炙甘草治 "气虚" 效果序列 $x_5^{(1)}$ 为

$$x_5^{(1)} = (x_5^{(1)}(1^\#), x_5^{(1)}(2^\#), x_5^{(1)}(3^\#), x_5^{(1)}(4^\#), x_5^{(1)}(5^\#))$$
$$= (0.5, 0.3, 0.2, 0.1, 0.1)$$

以 x_1 为行为，x_2 为因子，通过 GH 灰色软件建立人参治"气虚"的 GM(1, N) 有

$$\text{人参} \Rightarrow \text{"气虚"}, \quad a=1.0877, \quad b=1.8615$$

以 x_1 为行为，x_3 为因子建立 GM(1, 2) 代表白术治"气虚"的 GM(1, N) 有

$$\text{白术} \Rightarrow \text{"气虚"}, \quad a=0.6782, \quad b=1.4990$$

以 x_1 为行为，x_4 为因子建立 GM(1, 2) 代表茯苓治"气虚"的 GM(1, N) 有

$$\text{茯苓} \Rightarrow \text{"气虚"}, \quad a=-0.6183, \quad b=-0.697$$

以 x_1 为行为，x_5 为因子建立 GM(1, 2) 代表炙甘草治气虚的 GM(1, N) 有

$$\text{炙甘草} \Rightarrow \text{"气虚"}, \quad a=2.83, \quad b=1.8749$$

中药组方治"气虚" GM(1, N) 气质分析汇总，见表 6.1。

表 6.1 药效表

人参 ⇒ "气虚"	$a = 1.0877$	$b = 1.8615$
白术 ⇒ "气虚"	$a=0.6782$	$b=1.4990$
茯苓 ⇒ "气虚"	$a = -0.6183$	$b = -0.697$
炙甘草 ⇒ "气虚"	$a=2.83$	$b=1.8749$

从上述药效表看出除茯苓外，所有药物 (人参、白术和炙甘草) 的介入强度 b 都在 1.5 以上，即 1.8615, 1.4990, 1.8749。表明人参、白术、炙甘草都是治"气虚"的"君"药。其中炙甘草对提高常阳活力有特效，a 高达 2.83。当然，人参对提高常阳活力效果也有效，a 高达 1.6877 高于白术、茯苓。

为了了解茯苓在组方中的作用，作组方分析，即用 $x_1^{(0)}$ 与 $l_i^{(1)}=\text{Pot}(I)$

作 GM(1, N) 建模. 因为 $X=\{x_i^{(1)}|i\in I=\{2,3,4,5\}, m=5\}$, 所以 $\text{Pot}(I)=4\times 5=20$, 有

$$l_i^{(1)} = (1, 0.7, 0.6, 0.5, 0.3|1, 0.1, 0.1, 0.5, 0.1$$
$$|0.8, 0.1, 0.1, 0.6, 0.5|0.5, 0.3, 0.2, 0.1, 0.1)$$

将序列 $l_i^{(1)}$ 与 $x_1 = (1, 0.8, 0.7, 0.5, 0.4)$ 作 GM(1, N) 建模得 $a=1.6873, b=1.8749$, 表明茯苓对其他三种药有良好的配合作用, 其综合效果是好的. 其实《本草纲目》中茯苓有"健脾胃""强筋骨""祛风湿""利关节""止泄泻"等作用. 因此由人参、白术、茯苓、炙甘草四位"君"药组成的治"气虚"四君子汤, 为加入茯苓的根据.

6.4 湖北省老河口市社会、经济、科技协调发展总体规划的 GM(1, N) 气质分析

社会气质体现在社会的活力、社会的经济功效、社会的和谐稳定、社会与经济与科技的整合.

科技气质体现在促进性 (促进经济) 与折射性, 如社会教育、社会人均收入、社会人均消费、人均寿命、广播电视覆盖率.

这些分析均奠基于行为资源原始序列.

6.4.1 老河口市行为资源原始序列

$x_1^{(0)}$(社会总产值)=(31013, 33655, 37389, 51528, 65229)

$x_2^{(0)}$(技术水平)=(0.968, 0.985, 0.945, 1.091, 1.183)

$x_3^{(0)}$(总电量)=(10748, 12213, 13853, 15196, 17979)

$x_4^{(0)}$(总物耗)=(17865, 19549, 21584, 29349, 36447)

$x_5^{(0)}$(总劳力)=(171280, 177349, 172271, 186323, 203427)

$x_6^{(0)}$(固定资产净值)=(20865, 22834, 26440, 28573, 33588)

$x_7^{(0)}$(流动资金总额)=(15149, 16246, 20226, 31459, 34063)

$x_8^{(0)}$(刑事案件发案率)=(8.24, 11.36, 11.48, 7.49, 6.69)

老河口市行为资源序列初始化为

$$x_1^{(0)} = (1, 1.0852, 1.2056, 1.6615, 2.1033)$$
$$x_2^{(0)} = (1, 1.0186, 0.976, 1.127, 1.2221)$$
$$x_3^{(0)} = (1, 1.1363, 1.2888, 1.4138, 1.6727)$$
$$x_4^{(0)} = (1, 1.0942, 1.2081, 1.6428, 2.04)$$
$$x_5^{(0)} = (1, 1.0354, 1.0057, 1.0878, 1.1876)$$
$$x_6^{(0)} = (1, 1.0943, 1.2671, 1.3694, 1.6097)$$
$$x_7^{(0)} = (1, 1.0724, 1.3351, 2.0766, 2.2485)$$
$$x_8^{(0)} = (1, 1.3786, 1.3932, 0.9089, 0.8118)$$

6.4.2 成分整合

成分整合定义 称 I_A, I_B, I_C, I_D 为整合，称 $I_{j_A}, I_{j_B}, I_{j_C}, I_{j_D}$ 为成分整合，若满足

(1) $\underset{j \in J=\{1,2,\cdots,N\}}{I_{j_A}} = \{1_A, 2_A, \cdots, N_A\} \Rightarrow \sum_{i=2_A}^{N_A} b_i x_i^{(1)},$

$\underset{j \in J}{I_{j_B}} = \{1_B, 2_B, \cdots, N_B\} \Rightarrow \sum_{i=2_B}^{N_B} b_i x_i^{(1)},$

$\underset{j \in J}{I_{j_B}} = \{1_C, 2_C, \cdots, N_C\} \Rightarrow \sum_{i=2_C}^{N_C} b_i x_i^{(1)},$

$\underset{j \in J}{I_{j_B}} = \{1_D, 2_D, \cdots, N_D\} \Rightarrow \sum_{i=2_D}^{N_D} b_i x_i^{(1)},$

(2) $\bigcup_{j=1}^{N} I_{j_A} = I_{1_A} \cup I_{2_A} \cup \cdots \cup I_{N_A} = I_A,$

$I_{j_A}, I_{j'_A} \in I_A \Rightarrow I_{j_A} \neq \varphi, \forall j, \forall j';$

(3) 令 $g(npI_A)$ 为 $GM(1, N, I_A)$ 的精度准则整合优质度, $g(nsI_A)$ 为 $GM(1, N, I_A)$ 的极性准则整合优质度, 则有

$$g(npI_A) \geqslant \delta^*, \quad g(npI_{j_A}) \geqslant \delta^*$$

$$\sum_{k=1}^{n} g(nsI_{j_A}) = g(nsI_A)$$

奠定总体模型结构性的称为结构性成分模型, 奠定总体模型执行性的称为执行性成分模型.

6.4.3 老河口市结构性成分模型族

按资源阶层性考虑数据集组性建立下列结构性成分模型族:
- 老河口市生产模型 $GM(1, N, \hat{I})$;
- 老河口市财政收入模型 $GM(1, N, II)$;
- 老河口市社会模型 $GM(1, N, III)$;
- 老河口市教育模型 $GM(1, N, IV)$;
- 老河口市科技模型 $GM(1, N, V)$.

下面对老河口市生产模型进行剖析.
- 老河口市生产模型方框图, 如图 6.1 所示.

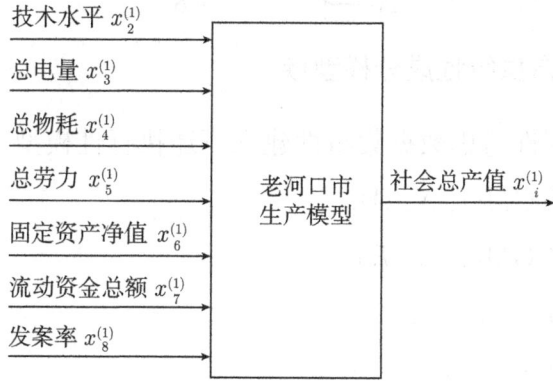

图 6.1 老河口市生产模型方框图

- 老河口市生产资源整合 GM(1, N) 模型

$$\text{GM}(1, N, \hat{\text{I}}) : x_1^{(0)}(k) + 1.28 z_1^{(1)}(k)$$
$$= 1.125 x_2^{(1)}(k) + 1.605 x_3^{(1)}(k) + 0.575 x_4^{(1)}(k) + 0.25 x_5^{(1)}(k)$$
$$+ 0.03625 x_6^{(1)}(k) + 0.221875 x_7^{(1)}(k) - 2.28 x_8^{(1)}(k)$$

- 生产模型影响因子 b_i 的定义极性 $\text{Sgn}^* b_i$

$\text{Sgn}^* b_i =$ "+", i=2,3,4,5,6,7;

$\text{Sgn}^* b_i =$ "−", i=8.

- 生产模型影响因子 b_i 的现实极性 $\text{Sgn}^0 b_i$

$\text{Sgn}^0 b_i =$ "+", i=2,3,4,5,6,7;

$\text{Sgn}^0 b_i =$ "−", i=8.

- 生产模型极性优质度 $g(nsI_i)$

由于

$$i = 2, \text{Sgn}^* b_2 = \text{Sgn}^0 b_2 \Rightarrow nsI_2 = 1$$
$$i = 3, \text{Sgn}^* b_3 = \text{Sgn}^0 b_3 \Rightarrow nsI_3 = 1$$
$$\cdots\cdots$$
$$i = 8, \text{Sgn}^* b_8 = \text{Sgn}^0 b_8 \Rightarrow nsI_8 = 1$$

所以极性优质度为

$$g(nsI_i) = \frac{1}{N} \sum_{i=2}^{N} nsI_i\% = \frac{7}{8}\% = 87.5\%$$

6.4.4　老河口市执行性成分模型族

按资源阶层性考虑数据集组性建立下述执行性模型族：

- 收入分配 GM(1, N, A);
- 人均消费 GM(1, N, B);
- 卫生 GM(1, N, C);
- 文化 GM(1, N, D);
- 广播电视 GM(1, N, E);

6.4 湖北省老河口市社会、经济、科技协调发展总体规划的 GM(1, N) 气质分析

- 体育 GM(1, N, F).

老河口市执行性模型整合 $I_x, x \in \{A,B,C,D,E,F\}$:

$I_A=\{1_A$: 社会总产值, 2_A: 国民收入, 3_A: 人口\};

$I_B=\{1_B$: 人均收入, 2_B: 商业人口数, 3_B: 总人口, 4_B: 居民消费零售额\};

$I_C=\{1_C$: 治愈率, 2_C: 卫生机构数, 3_C: 卫生技术人员数, 4_C: 病床数, 5_C: 卫生经费, 6_C: 医疗设施, 7_C: 财政收入\};

$I_D=\{1_D$: 机构数, 2_D: 部门人数, 3_D: 文化投资, 4_D: 财政收入\};

$I_E=\{1_E$: 广播投资, 2_E: 专业人员, 3_E: 机械设备, 4_E: 仪器设备\};

$I_F=\{1_F$: 机构数, 2_F: 技术人员数, 3_F: 体育经费, 4_F: 体育设施, 5_F: 体育设备, 6_F: 财政收入\}.

老河口市执行性成分模型方框图, 如图 6.2 至图 6.7 所示.

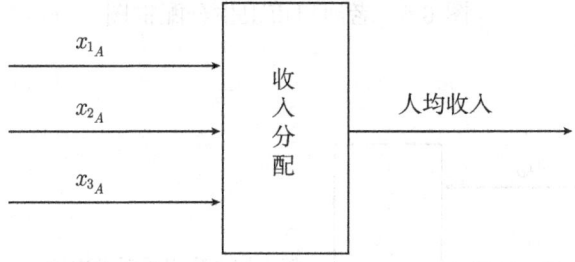

图 6.2 老河口市收入分配框图

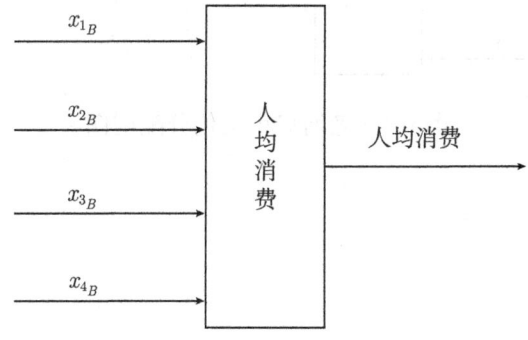

图 6.3 老河口市人均消费框图

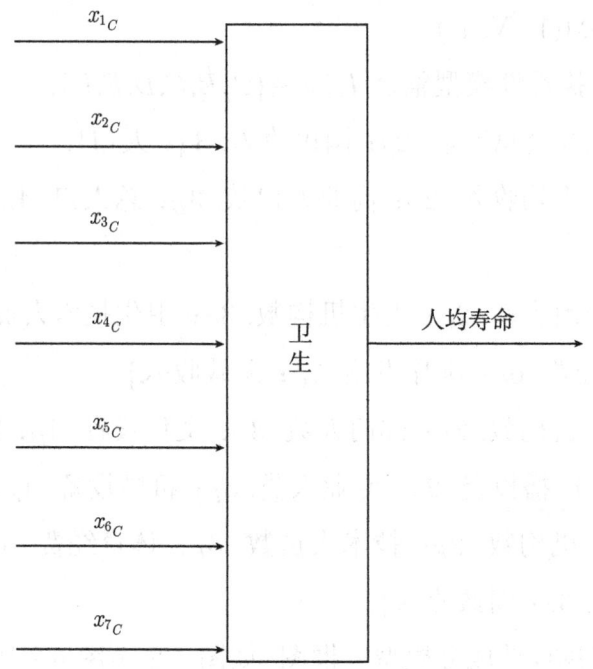

图 6.4 老河口市卫生分配框图

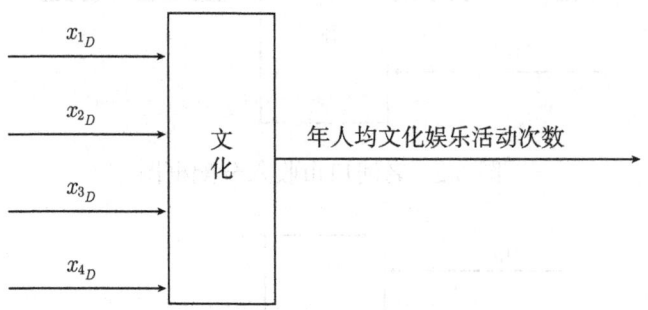

图 6.5 老河口市文化分配框图

6.4 湖北省老河口市社会、经济、科技协调发展总体规划的 GM(1, N) 气质分析

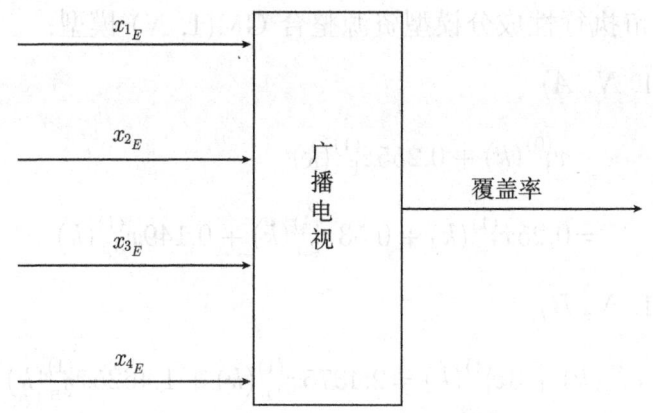

图 6.6 老河口市广播电视框图

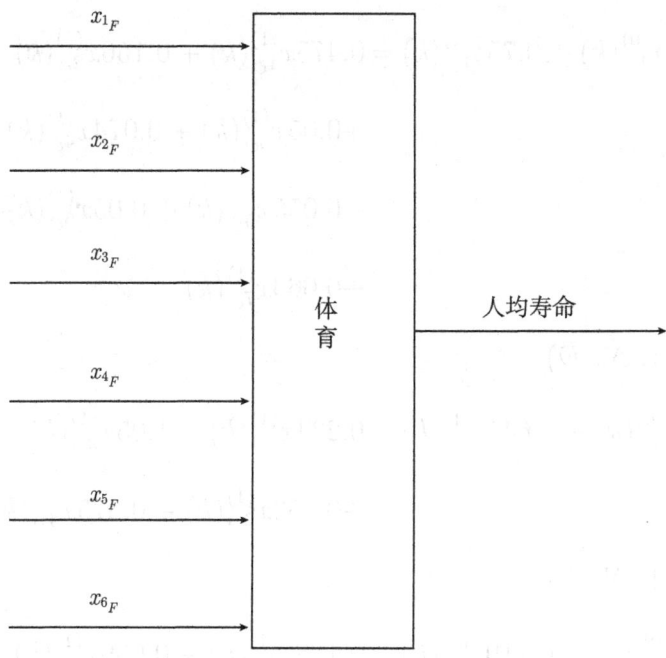

图 6.7 老河口市体育框图

老河口市执行性成分模型资源整合 GM(1, N) 模型：

- GM(1, N, A)

$$x_1^{(0)}(k) + 0.255 z_1^{(1)}(k)$$
$$= 0.25 x_{1_A}^{(1)}(k) + 0.53 x_{2_A}^{(1)}(k) + 0.149 x_{3_A}^{(1)}(k)$$

- GM(1, N, B)

$$x_1^{(0)}(k) + 3 z_1^{(1)}(k) = 2.4375 x_{1_B}^{(1)}(k) + 1.4625 x_{2_B}^{(1)}(k)$$
$$- 1.34 x_{3_B}^{(1)}(k) + 0.2687 x_{4_B}^{(1)}(k)$$

- GM(1, N, C)

$$x_1^{(0)}(k) + 0.75 z_1^{(1)}(k) = 0.475 x_{1_C}^{(1)}(k) + 0.156 x_{2_C}^{(1)}(k)$$
$$+ 0.05 x_{3_C}^{(1)}(k) + 0.074 x_{4_C}^{(1)}(k)$$
$$+ 0.055 x_{5_C}^{(1)}(k) + 0.05 x_{6_C}^{(1)}(k)$$
$$+ 0.063 x_{7_C}^{(1)}(k)$$

- GM(1, N, D)

$$x_1^{(0)}(k) + 1.645 z_1^{(1)}(k) = 0.234 x_{1_D}^{(1)}(k) + 1.05 x_{2_D}^{(1)}(k)$$
$$+ 0.053 x_{3_D}^{(1)}(k) + 0.375 x_{4_D}^{(1)}(k)$$

- GM(1, N, E)

$$x_1^{(0)}(k) + 0.719 z_1^{(1)}(k) = 0.128 x_{1_E}^{(1)}(k) + 0.099 x_{2_E}^{(1)}(k)$$
$$+ 0.349 x_{3_E}^{(1)}(k) + 0.349 x_{4_E}^{(1)}(k)$$

- GM(1, N, F)

$$x_1^{(0)}(k) + 1.525 z_1^{(1)}(k) = 0.15 x_{1_F}^{(1)}(k) + 0.163 x_{2_F}^{(1)}(k)$$

$$+ 0.025x_{3_F}^{(1)}(k) + 0.175x_{4_F}^{(1)}(k)$$
$$+ 0.28x_{5_F}^{(1)}(k) + 0.794x_{6_F}^{(1)}(k)$$

6.4.5 老河口市科技、经济、社会资源整合开发总体规划模型

老河口市科技、经济、社会总体规划整合 I_i (i=1, 2, 3, 4, 5, 6, 7, 8) 框图, 如图 6.8 所示.

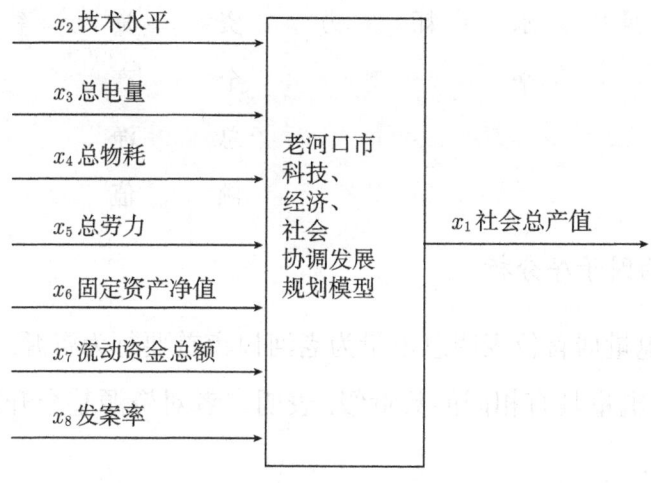

图 6.8 老河口市科技、经济、社会资源整合开发总体规划模型框图

老河口市资源整合开发 GM(1, N) 模型

$$x_1^{(0)}(k) + 1.28z_1^{(1)}(k) = 1.125x_2^{(1)}(k) + 1.605x_3^{(1)}(k)$$
$$+ 0.575x_4^{(1)}(k) + 0.25x_5^{(1)}(k)$$
$$+ 0.03625x_6^{(1)}(k) + 0.2218x_7^{(1)}(k)$$
$$- 3.28x_8^{(1)}(k)$$

6.4.6 老河口市资源整合开发 GM(1, N) 模型影响因子序分析

1. 影响因子序

$$x_3 \succ x_2 \succ x_4 \succ x_5 \succ x_7 \succ x_6 \succ x_8$$

1.0605	1.125	0.575	0.25	0.2218	0.036	−3.28
总电量	技术水平	总物耗	总劳力	流动资金总额	固定资产净值	发案率

2. 影响因子序分析

(1) 总电量居首位表明总电量为老河口市首要行为资源, 技术水平居次位并与总电量具有相同的数量级, 表明二者对资源整合开发都是至关重要的资源.

(2) 总物耗 0.575, 总劳力 0.25, 流动资金 0.2218, 属于同一数量级, 表明三者对资源整合开发为此等重要资源.

(3) 固定资产净值在正因子中系数最小, 表明这种资源对资源整合开发的作用, 尚处于隐含指标状态.

(4) 刑事案件发案率 x_8, 极性为负, 其值甚大, 表明它是资源整合开发非常重要的制约因子, 属于非良性资源, 表明如果不注意治安, 不注意消除资源的非良性指标 (污染指标), 就不能使资源净化.

3. 老河口市实现整合开发资源总体规划主要措施

在离市内 3km 处汉江上游兴建王甫洲低水头发电站, 装机容量

10^5kWh, 投资 2.8 亿元; 发展低电耗产业; 限制耗电产业.

6.4.7 老河口市实施科技、经济、社会资源整合开发总体规划后的效果

老河口市人民政府 1990 年 12 月 20 日上呈的报告 —— 老河口市实施科技、经济、社会资源整合开发协调发展总体规划的实践要点如下:

要点 1: "科技、经济、社会系统是一个灰色系统", "在新老体制交替的改革时期尤为明显", "建立和运用完整的灰色系统模型体系, 不仅增强了规划本身的科学性, 同时还可以增加在实践中的可操作性"

要点 2: "在规划前的 30 年里, 老河口市一直是吃粮靠供应, 财政靠补贴". 规划实施后

(1) "一跃进入全省乃至全国先进小城市行列". "工农业总产值以年均 25%以上速度递增, 财政收入年均增长速度为 3.3%, 小麦单产连续三年跨入全国高产行列, 受到国务院通报表彰". "取得如此巨大的成就, 原因固然很多, 但关键的一点是实施了老河口市科技、经济、社会协调发展总体规划".

(2) 优化了产品结构, 到 1990 年, 全市共开发新产品 263 种, 其中 40 余种分别填补国内、省内空白, 三种产品创部优, 28 种产品创省优, 7 种产品获国家奖励, 20 种产品打入国际市场, 销往 10 多个国家和地区. 全市新产品产值, 利税分别占工业总产值的 60%和 51%, 工业经济中技术进步系数已由 1985 年的 0.347 提高到 0.746, 利税率增长到 6%以上. 同时, 产值过千万, 利税过百万的企业由 2 家增至 18 家, 已初步形成以机械、化工、纺织、建材、食品五大行业为主体, 以精密机械、精密化工、食品发酵、新型建筑材料等新兴产业为先导的新格局.

(3) 促进了经济高速发展和经济效益提高. 从 1985 年到 1990 年全市工业总产值由 3.8 亿元增至 10 亿元; 财政收入由 2000 万元提高到

7000 多万元, 增长 3.5 倍.

(4) 振兴了农村经济. 按照总体规划, 在注重农业资源局部状态和功能的同时, 更考虑资源整体整合开发, 即财、技、物相结合, 积极引进 "三新" 成果, 普遍推广两段育秧、温室育秧等生态开发技术, 棉花、小麦普遍推广科学育种与田间管理.

第7章 白化函数气质与灰评估

7.1 三类白化函数

"白化"是由不清晰到清晰、由黑到白、由不确定到确定的气质进化,它属于使事物白化与粗细化的手段之一,属于气质论的"成全律".

定义 7.1 称 f_u 为上类白化函数 (图 7.1),当且仅当它满足

(1) f_u 位于以气质命题 (如 "越大越好" "越少越好" "不能太大, 不能太小" 均为气质命题) 的认知度 θ 为纵坐标 Y,以待认知数 k 为横坐标 X 的二维认知平面 X-Y.

(2) 具有如下气质:

气质一:$k > k^*$ 对 "越大越好" 气质认知度大于等于 1;

气质二:属于上类气质.

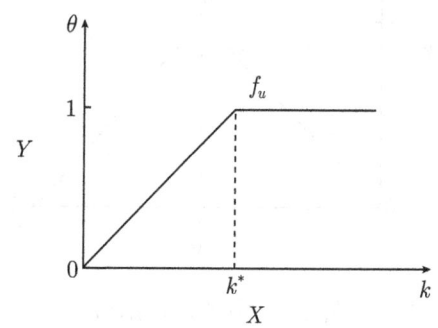

图 7.1 上类白化函数

定义 7.2 称 f_l 为下类白化函数 (图 7.2),当且仅当它满足

(1) f_l 位于二维认知平面 X-Y.

(2) 并具有气质

气质一：$k \leqslant k^0$，"越小越好" k 越小于 k^0，越接近气质要求；

气质二：$k<0$，无气质定义.

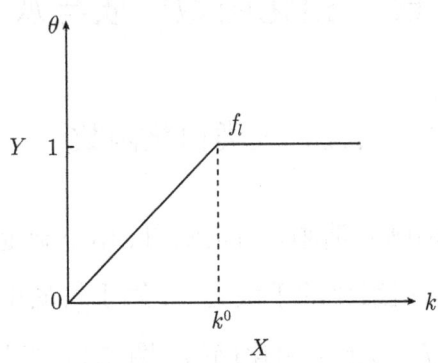

图 7.2 下类白化函数

定义 7.3 称 f_m 为中类白化函数 (图 7.3)，当且仅当它满足

(1) f_m 位于二维认知平面 X-Y.

(2) 具有如下气质

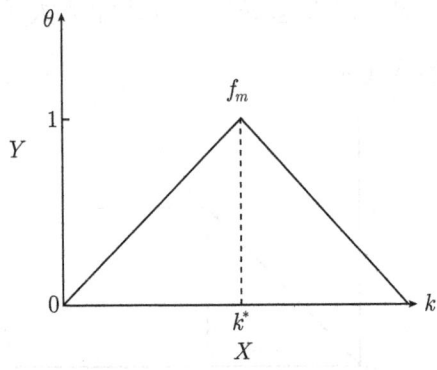

图 7.3 中类白化函数

气质一：令 k_u^* 为 k^* 的邻域，令 θ^* 为认知度顶点值，θ_u^* 为 θ^* 的邻域，则

$$k \in k_u^* \Rightarrow \theta \in \theta_u^*;$$

气质二：斜线 ok^* 代表 k 未进入 k_u^* 的气质, k 越大越好,
斜线 k^*k 代表 k 超出 k_u^* 的气质, k 越小越好 (越小越靠近 k_u^*);

气质三：f_m 是中类气质.

上述气质可归纳为下述的标称四公理.

7.2 标称四公理

公理 7.1(融汇淹没公理) $\sum_{k=1}^{n} f_i$ 标称从 $\{i\}$ 变为 $\{\phi\}$. 比如黄河的水 ω_h 与长江的水 ω_c 汇入大海后变为 ω. 即

$$\{\omega_h, \omega_c\} \Rightarrow \{\omega\}, \quad \{h, c\} \Rightarrow \{\phi\}$$

公理 7.2(分割淹没公理) 对 A 作 $\partial_x \alpha_x$ 分割得 $\dfrac{A}{\partial_x}$, 对 A 作 ∂_y 分割得 $\dfrac{A}{\partial_y}$. 若 $\dfrac{A}{\partial_x} \cup \dfrac{A}{\partial_y} = A$, A 无标称. 称分割淹没公理, 有

$$\frac{\{x, y, z\}}{\{x, y\}} = \{z\}$$

公理 7.3(非重复公理) 若有标称或标称集 $\Lambda_a, \Lambda_1, \Lambda_2, \Lambda_b$, 则有

$$\{\Lambda_a, \Lambda_1, \Lambda_2, \Lambda_b\} = \{\Lambda_a, \Lambda_b\}$$

当且仅当

$$\Lambda_1 = \Lambda_2 \text{ 以及 } \{\{jk\}, \{ik\}\} = \{jk\} \text{ 或 } \{ik\}$$

公理 7.4(灰统计公理) 若有 p_0 为运算不含分割, 当满足

$$p_0\{i, j, \cdots, k\} = \{k\}$$

时, 称灰统计.

7.3 灰 统 计

7.3.1 灰统计定理

定理 7.1 灰统计定义, 灰统计算式 A_l 为

$$A_l = \delta_{jk} = \frac{\sum_{i=1}^{m} f_k(d_{ij})}{\sum_{k=1}^{n}\sum_{i=1}^{m} f_k(d_{ij})}, \quad k \in \{1, 2, \cdots, n\}, \ i \in \{1, 2, \cdots, m\}$$

证明 按汇聚淹没公理有

$$f_k(d_{ij}) \Rightarrow \{k, i, j\}, \quad \sum_{i=1}^{m} f_k(d_{ij}) \Rightarrow \{k, j\}$$

$$f_k(d_{ij}) \Rightarrow \{k, i, j\}, \quad \sum_{k=1}^{n}\sum_{i=1}^{m} f_k(d_{ij}) = \{j\}$$

按分割淹没公理有

$$\delta_{jk} = \frac{\sum_{i=1}^{m} f_k(d_{ij})}{\sum_{k=1}^{n}\sum_{i=1}^{m} f_k(d_{ij})} = \frac{\{k, j\}}{\{j\}} = \{k\}$$

按灰统计评估定义知定理成立.

7.3.2 灰统计计算

有项目指标集 J

$$J = \{1, 2, 3, 4\}$$

有对象指标集 I

$$I = \{1, 2, 3, 4\}$$

7.3 灰统计

有样本矩阵 d

$$d = \begin{bmatrix} d_{11} & d_{12} & d_{13} & d_{14} \\ d_{21} & d_{22} & d_{23} & d_{24} \\ d_{31} & d_{32} & d_{33} & d_{34} \end{bmatrix}$$

$$= \begin{bmatrix} 2000 & 1000 & 700 & 100 \\ 1000 & 500 & 300 & 200 \\ 0 & 0 & 600 & 300 \end{bmatrix}$$

对应白化函数为

$$f_1(1800, \uparrow), \quad f_2(1000, \leftrightarrow), \quad f_3(500, \leftrightarrow), \quad f_4(100, \downarrow)$$

$$\sum_{i=1}^{m} f_k(d_{ij}) = f_k(d_{1j}) + f_k(d_{2j}) + \cdots + f_k(d_{mj})$$

当 $k=1$, $j=1$,

$$\sum_{i=1}^{3} f_1(d_{i1}) = f_1(d_{11}) + f_1(d_{21}) + f_1(d_{31})$$

$$= f_1(2000) + f_1(1000) + f_1(0)$$

$$= 1 + \frac{1000}{1800} + 0$$

$$= 1.5556$$

类似地, 有

$$\sum_{i=1}^{3} f_1(d_{i2}) = f_1(d_{12}) + f_1(d_{22}) + f_1(d_{32})$$

$$= f_1(1000) + f_1(500) + f_1(0)$$

$$= 0.8333$$

$$\sum_{i=1}^{3} f_1(d_{i3}) = f_1(d_{13}) + f_1(d_{23}) + f_1(d_{33})$$

$$= f_1(700) + f_1(300) + f_1(600)$$

$$= 0.8889$$

$$\sum_{i=1}^{3} f_1(d_{i4}) = f_1(d_{14}) + f_1(d_{24}) + f_1(d_{34})$$
$$= f_1(100) + f_1(200) + f_1(300)$$
$$= 0.3333$$

进而又有

$$\sum_{i=1}^{3} f_2(d_{i1}) = 1$$

$$\sum_{i=1}^{3} f_2(d_{i2}) = 1.5$$

$$\sum_{i=1}^{3} f_2(d_{i3}) = 1.6$$

$$\sum_{i=1}^{3} f_2(d_{i4}) = 0.6$$

以及

$$\sum_{i=1}^{3} f_3(d_{i1}) = 0$$

$$\sum_{i=1}^{3} f_3(d_{i2}) = 1$$

$$\sum_{i=1}^{3} f_3(d_{i3}) = 2$$

$$\sum_{i=1}^{3} f_3(d_{i4}) = 1.2$$

$$\sum_{i=1}^{3} f_4(d_{i1}) = 0$$

$$\sum_{i=1}^{3} f_4(d_{i2}) = 0$$

7.3 灰 统 计

$$\sum_{i=1}^{3} f_4(d_{i3}) = 0$$

$$\sum_{i=1}^{3} f_4(d_{i4}) = 1$$

接下来计算 $\sum_{k=1}^{4}\sum_{i=1}^{3} f_k(d_{ij})$.

当 $j=1$, 有

$$\sum_{k=1}^{4}\sum_{i=1}^{3} f_k(d_{i1}) = \sum_{i=1}^{3} f_1(d_{i1}) + \sum_{i=1}^{3} f_2(d_{i1})$$
$$+ \sum_{i=1}^{3} f_3(d_{i1}) + \sum_{i=1}^{3} f_4(d_{i1})$$
$$= 1.5556 + 1 + 0 + 0$$
$$= 2.5556$$

类似地

$$\sum_{k=1}^{4}\sum_{i=1}^{3} f_k(d_{i2}) = 3.3333$$

$$\sum_{k=1}^{4}\sum_{i=1}^{3} f_k(d_{i3}) = 4.4889$$

$$\sum_{k=1}^{4}\sum_{i=1}^{3} f_k(d_{i4}) = 3.1334$$

根据灰统计算式有

$$\delta_{jk} = \frac{\sum_{i=1}^{3} f_k(d_{ij})}{\sum_{k=1}^{4}\sum_{i=1}^{3} f_k(d_{ij})}$$

当 $j=1$, $k=1$,

$$\delta_{11} = \frac{\sum\limits_{i=1}^{3} f_1(d_{i1})}{\sum\limits_{k=1}^{4}\sum\limits_{i=1}^{3} f_1(d_{i1})} = \frac{1.5556}{2.5556} = 0.6087$$

当 $j=1, k=2$,

$$\delta_{12} = \frac{\sum\limits_{i=1}^{3} f_2(d_{i1})}{\sum\limits_{k=1}^{4}\sum\limits_{i=1}^{3} f_2(d_{i1})} = \frac{1}{2.5556} = 0.3913$$

当 $j=1, k=3$,

$$\delta_{13} = \frac{\sum\limits_{i=1}^{3} f_3(d_{i1})}{\sum\limits_{k=1}^{4}\sum\limits_{i=1}^{3} f_3(d_{i1})} = \frac{0}{2.5556} = 0$$

当 $j=1, k=4$,

$$\delta_{14} = \frac{\sum\limits_{i=1}^{3} f_4(d_{i1})}{\sum\limits_{k=1}^{4}\sum\limits_{i=1}^{3} f_4(d_{i1})} = \frac{0}{2.5556} = 0$$

综合有

$$\begin{aligned}\delta_1 &= (\delta_{11}, \delta_{12}, \delta_{13}, \delta_{14}) \\ &= (0.6087,\ 0.3913,\ 0,\ 0)\end{aligned}$$

7.3 灰统计

类似地, 还有

$$\delta_2 = (\delta_{21}, \delta_{22}, \delta_{23}, \delta_{24})$$
$$= (0.2498, 0.4499, 0.2999, 0)$$
$$\delta_3 = (\delta_{31}, \delta_{32}, \delta_{33}, \delta_{34})$$
$$= (0.19802, 0.3564, 0.4455, 0)$$
$$\delta_4 = (\delta_{41}, \delta_{42}, \delta_{43}, \delta_{44})$$
$$= (0.1064, 0.19148, 0.38297, 0.31914)$$

$$\delta = \begin{bmatrix} \delta_{11} & \delta_{12} & \delta_{13} & \delta_{14} \\ \delta_{21} & \delta_{22} & \delta_{23} & \delta_{24} \\ \delta_{31} & \delta_{32} & \delta_{33} & \delta_{34} \\ \delta_{41} & \delta_{42} & \delta_{43} & \delta_{44} \end{bmatrix}$$

$$= \begin{bmatrix} 0.6087 & 0.3913 & 0 & 0 \\ 0.2498 & 0.4499 & 0.2999 & 0 \\ 0.19802 & 0.3564 & 0.4455 & 0 \\ 0.1064 & 0.19148 & 0.38297 & 0.31914 \end{bmatrix}$$

$$\delta_{1k^*} = \max_k \delta_{1k}$$
$$= \max\{0.6087, 0.3913, 0, 0\} = 0.6087$$
$$= \delta_{11} \quad (\delta_{11} \text{为第 1 项目属于 1 灰类})$$

$$\delta_{2k^*} = \max_k \delta_{2k}$$
$$= \max\{0.2498, 0.4499, 0.2999, 0\} = 0.4499$$
$$= \delta_{22} \quad (\delta_{22} \text{为第 2 项目属于 2 灰类})$$

$$\delta_{3k^*} = \max_k \delta_{3k}$$
$$= \max\{0.19802, 0.3564, 0.4455, 0\} = 0.4455$$
$$= \delta_{33} \quad (\delta_{33} \text{为第 3 项目属于 3 灰类})$$

$$\delta_{4k^*} = \max_k \delta_{4k}$$
$$= \max\{0.1064, 0.19148, 0.38297, 0.31914\} = 0.38297$$
$$= \delta_{43} \quad (\delta_{43} \text{为第 4 项目属于 3 灰类})$$

7.4 灰 聚 类

7.4.1 灰聚类定义

定义 7.4 令 j 为项目, k 为灰类, σ_{jk} 表示 j 属于 k 灰类, 称标式 A_l 为灰聚类算式, 当且仅当算式 p_0(不含分割) 满足

$$p_0\{\alpha, \beta, i, j, \cdots, k\} = \{j, k\} \text{ 或 } \{i, k\}.$$

7.4.2 灰聚类定理

定理 7.2 符合灰聚类定义的灰聚类算式 A_l 为

$$\sigma_{ik} = \sum_{i=1}^{m} f_{ik}(d_{ij}) \eta_{ik}$$

其中, η_{ik} 为 f_{ik} 的折算系数. 比如, 对统计人群中的烟民, 需要对不同质、不同性的香烟进行折算.

证明
$$\sum_{j=1}^{m} f_{jk}(d_{ij}) \Rightarrow \{k, i\}$$

$$\sum_{j=1}^{m} f_{jk}(d_{ij}) \eta_{jk} \Rightarrow \{k, i\}, \{j, k\}$$

按非重复公理有

$$\Lambda \sum_{j=1}^{m} f_{jk}(d_{ij}) \eta_{jk} \Rightarrow \{k, i\}, \{j, k\}$$

$$\Lambda \sum_{j=1}^{m} f_{jk}(d_{ij}) \eta_{jk} \Rightarrow \{k, i\}$$

或

$$\Lambda \sum_{j=1}^{m} f_{jk}(d_{ij}) \eta_{jk} \Rightarrow \{j, k\}$$

因此定理得证.

7.4 灰聚类

7.4.3 灰聚类计算

某油田要求钻头进尺 H(m), 钻头成本 C_h(元/只), 钻头使用时间 $T(h)$, 钻机速度 V_m(m/h) 等几项指标, 通过灰聚类挑选. 具体数据如表 7.1.

作为灰聚类的项目, 极性应一致. 表 7.1 中 "钻头进尺", "钻头使用时间", "钻机速度" 均为极大值极性, 采用上限效果测度统一. "钻头成本" 为极小值极性, 采用下限效果测度统一. 表 7.1 作测度转换后得表 7.2.

表 7.1 某油田钻头数据表

钻头类型	钻头进尺 H(m)	钻头成本 C_h	钻头使用时间 T(h)	钻机速度 V_m
F2-1	813.8	10260	150	5.7
J22-1	615.4	6997.1	83.9	7.8
J22-2	671.2	6997.1	84.4	8.5
F2-2	576.1	10260	127	4.7

表 7.2 某油田钻头数据测度转换表

钻头类型	钻头进尺 1# H(m)	钻头成本 2# C_h	钻头使用时间 3# T(h)	钻机速度 4# V_m
F2-1	1	0.6819	1	0.67
J22-1	0.256	1	0.559	0.9176
J22-2	0.825	1	0.563	1
F2-2	0.708	0.6819	0.847	0.5529

样本 d_{ij} 矩阵

$$d = \begin{matrix} & 1^{\#} & 2^{\#} & 3^{\#} & 4^{\#} & \\ & \begin{bmatrix} d_{11} & d_{12} & d_{13} & d_{14} \\ d_{21} & d_{22} & d_{23} & d_{24} \\ d_{31} & d_{32} & d_{33} & d_{34} \\ d_{41} & d_{42} & d_{43} & d_{44} \end{bmatrix} & \begin{matrix} \text{F2-1} \\ \text{J22-1} \\ \text{J22-2} \\ \text{F2-2} \end{matrix} \end{matrix}$$

$$= \begin{bmatrix} 1 & 0.6819 & 1 & 0.67 \\ 0.756 & 1 & 0.559 & 0.9176 \\ 0.825 & 1 & 0.563 & 1 \\ 0.708 & 0.6819 & 0.847 & 0.5529 \end{bmatrix}$$

给定灰类白化函数：

灰类 1：$f_{11} = f_{21} = f_{31} = f_{41} = f_{j1}(1, \uparrow) = f_{j1}(c[j, 1], \uparrow)$;

灰类 2：$f_{12} = f_{22} = f_{32} = f_{42} = f_{j2}(0.8, \leftrightarrow) = f_{j2}(c[j, 2], \leftrightarrow)$;

灰类 3：$f_{13} = f_{23} = f_{33} = f_{43} = f_{j3}(0.6, \leftrightarrow) = f_{j3}(c[j, 3], \leftrightarrow)$;

灰类 4：$f_{14} = f_{24} = f_{34} = f_{44} = f_{j4}(0.5, \downarrow) = f_{j4}(c[j, 4], \downarrow)$.

由于 d_{ij} 测度化，数据具有可比性，同一灰类白化函数可以统一.

下面计算折算系数 η_{jk}.

已知 $j \in J$, $k=1, 2, 3, 4$ 时，有

$$c[J, 1] = c[1, 1] = c[2, 1] = c[3, 1] = c[4, 1] = 1$$
$$c[J, 2] = c[1, 2] = c[2, 2] = c[3, 2] = c[4, 2] = 0.8$$
$$c[J, 3] = c[1, 3] = c[2, 3] = c[3, 3] = c[4, 3] = 0.6$$
$$c[J, 4] = c[1, 4] = c[2, 4] = c[3, 4] = c[4, 4] = 0.5$$

因此有

$$\eta_{jk} = \frac{c[jk]}{\sum_{j=1}^{m} c[jk]}$$

7.4 灰聚类

当 $k=1$,

$$\sum_{j=1}^{m} c[j,\ 1] = c[1,\ 1] + c[2,\ 1] + c[3,\ 1] + c[4,\ 1]$$
$$= 1 + 1 + 1 + 1 = 4$$
$$\eta_{j1} = \frac{c[j,k]}{\sum_{j=1}^{m} c[j,1]} = \frac{1}{4}, \quad \eta_{j1} = \eta_{j2} = \eta_{j3} = \eta_{j4} = 0.25$$

同理

$$\eta_{jk} = \eta_{jI}, \quad \forall k \in K.$$

算式中 $f_{jk}(d_{ij})$ 是对样本赋予气质 jk, 从气质看 j 与 k 是等价的. 对于钻头灰聚类, 我们采用算式 σ_{ik} 为

$$\sigma_{ik} = \sum_{j=1}^{m} f_{jk}(d_{ij}) \eta_{jk}$$

对于 $m=4$, 有

$$\sigma_{ik} = f_{1k}(d_{i1})\eta_{1k} + f_{2k}(d_{i2})\eta_{2k} + f_{3k}(d_{i3})\eta_{3k} + f_{4k}(d_{i4})\eta_{4k}$$
$$= (f_{1k}(d_{i1}) + f_{2k}(d_{i2}) + f_{3k}(d_{i3}) + f_{4k}(d_{i4})) \times 0.25$$

当 $i=1, k=1$,

$$\sigma_{11} = f_{11}(d_{11})\eta_{11} + f_{21}(d_{12})\eta_{21} + f_{31}(d_{13})\eta_{31} + f_{41}(d_{14})\eta_{41}$$
$$= (f_{11}(1) + f_{21}(0.6819) + f_{31}(1) + f_{41}(0.671)) \times 0.25$$
$$= 0.83822$$

当 $i=1, k=2$,

$$\sigma_{12} = f_{12}(d_{11})\eta_{12} + f_{22}(d_{12})\eta_{22} + f_{32}(d_{13})\eta_{32} + f_{42}(d_{14})\eta_{42}$$
$$= (f_{12}(1) + f_{22}(0.6849) + f_{32}(1) + f_{42}(0.671)) \times 0.25$$
$$= (0.75 + 0.8 + 0.75 + 0.82) \times 0.25$$
$$= 0.78$$

当 $i=1$, $k=3$,

$$\sigma_{13} = f_{13}(d_{11})\eta_{13} + f_{23}(d_{12})\eta_{23} + f_{33}(d_{13})\eta_{33} + f_{43}(d_{14})\eta_{43}$$
$$= (f_{13}(1) + f_{23}(0.6819) + f_{33}(1) + f_{43}(0.671)) \times 0.25$$
$$= (0.6667 + 0.8635 + 0.6667 + 0.8817) \times 0.25$$
$$= 0.76965$$

当 $i=1$, $k=4$,

$$\sigma_{14} = f_{14}(d_{11})\eta_{14} + f_{24}(d_{12})\eta_{24} + f_{34}(d_{13})\eta_{34} + f_{44}(d_{14})\eta_{44}$$
$$= (f_{14}(1) + f_{24}(0.6819) + f_{34}(1) + f_{44}(0.671)) \times 0.25$$
$$= (0 + 0.6362 + 0 + 0.658) \times 0.25$$
$$= 0.32355$$

从而有

$$\sigma_1 = (\sigma_{11}, \sigma_{12}, \sigma_{13}, \sigma_{14})$$
$$= (0.83822, 0.78, 0.76965, 0.32355)$$

类似地有

$$\sigma_2 = (\sigma_{21}, \sigma_{22}, \sigma_{23}, \sigma_{24})$$
$$= (0.80815, 0.7775, 0.5825, 0.385)$$
$$\sigma_3 = (\sigma_{31}, \sigma_{32}, \sigma_{33}, \sigma_{34})$$
$$= (0.847, 0.755, 0.555, 0.33)$$
$$\sigma_4 = (\sigma_{41}, \sigma_{42}, \sigma_{43}, \sigma_{44})$$
$$= (0.69745, 0.7425, 0.76, 0.63)$$

对于 $i=1$, F2-1 钻头聚类有

$$\sigma_{1k_1^*} = \max_k \sigma_{1k}$$
$$= \max\{0.83822, 0.78, 0.76865, 0.32355\}$$
$$= 0.83822$$
$$= \sigma_{11}$$

7.4 灰聚类

$\sigma_{1k_1^*} = \sigma_{11} \Rightarrow k_1^* = 1$ 表明 F2-1 属于 1 类 (好).

对于 $i=2$, J22-1 钻头有

$$\sigma_{2k_2^*} = \max_k \sigma_{2k}$$
$$= \max\{0.80815,\ 0.7775,\ 0.5825,\ 0.385\}$$
$$= 0.80815$$
$$= \sigma_{21}$$

$\sigma_{2k_2^*} = \sigma_{21} \Rightarrow k_2^* = 1$ 表明 J22-1 属于 1 类 (好).

对于 $i=3$, J22-2 钻头有

$$\sigma_{3k_2^*} = \max_k \sigma_{3k}$$
$$= \max\{0.847,\ 0.755,\ 0.555,\ 0.3\}$$
$$= 0.847$$
$$= \sigma_{31}$$

$\sigma_{3k_3^*} = \sigma_{31} \Rightarrow k_3^* = 1$ 表明 J22-2 属于 1 类 (好).

对于 $i=4$, F2-2 钻头有

$$\sigma_{4k_2^*} = \max_k \sigma_{4k}$$
$$= \max\{0.69745,\ 0.7425,\ 0.76,\ 0.63\}$$
$$= 0.76$$
$$= \sigma_{43}$$

$\sigma_{4k_4^*} = \sigma_{41} \Rightarrow k_4^* = 3$ 表明 F2-2 属于 3 类 (差).

结论 除 F2-2 外, 其余钻头均属 1 类. 表明 F2-1, J22-1, J22-2 对该地区有较好适应性.

这种情况下还可以比较优劣吗? 由于极性已极性一致化, 数值的量纲与等级已一致化, 因此可从 σ_{ik} 大小直接比较.

$$\sigma_{1k_1^*} = 0.83822$$
$$\sigma_{2k_2^*} = 0.80815$$
$$\sigma_{3k_3^*} = 0.847$$

表明

$$\sigma_{3k_3^*} > \sigma_{1k_1^*} > \sigma_{2k_2^*}$$

即 J22-2 强于 F2-1, F2-1 强于 J22-1, 或者说, 这三类中 J22-2 是首选.

第 8 章 惯性气质空间与灰建模

8.1 惯性是一种气质

所有质量大于零的运动都有一种共同的性质. 这种性质并不是如速度、加速度那样具体的可测的物理量, 却是研究物质运动与思维运动时, 不得不考虑的抽象量: 惯性 (Inertia). 惯性是反映质量 m 大小的一种气质, 亦称惯性气质. 思维的随性与呆滞也是惯性气质.

8.2 惯性气质力学空间 $S(\otimes)$ (或 $S(\ )$)

称 $S(\otimes)$ 或 $S(\ )$ 为惯性气质空间, 当且仅当它满足

$\mathbf{P_1}$: 质量按牛顿力学折射为 $\dfrac{f}{a}$, 是抽象的力, 如影响力、活力等, a 是有加速度气质的干扰.

$\mathbf{P_2}$: 无量纲的抽象数字折射为位移, 称位移气质.

$\mathbf{P_3}$: 序列的长度, 数据的个数折射为过程, 称过程气质.

$\mathbf{P_4}$: GM(1,1) 中 $x^{(0)}(k)$ 折射为速度, 称速度气质. a 折射为人文惯性 (如人的思维的沉稳与浮躁), 当 $x^{(0)}(k)$ 为公益气质数据时, a 代表公益强度, $-a$ 代表自补性公益. $z^{(1)}(k)$ 折射为背景.

气质是 "作为" 的独特方式, 也是思维的独特方式. 或者说在抽象意义下, 在 $S(\otimes)$ 中, 思维等同于气质, 气质等同于抽象. $S(\otimes)$ 是抽象空间, 是气质场 $S(\ )$. 惯性反映质量, 质量反映抽象的力, 如影响力、竞争力、

干扰力、推广力、活力等. 因此凡具活力的事物均属于 $S(\ )$. 比如, 出版社有优秀文化的推广力, 故属于 $S(\ )$. 体育反映竞争力, 故属于 $S(\ )$. 运动员成绩是反映运动员潜力、运动员活力、运动员竞争力的气质, 故运动员成绩属于 $S(\ )$. 思维是气质, 思维有两种动机, 出自私心还是公心. 出自公心的思维是公益性气质. 比如, 地震具有公害性气质, 但地震数据从建立预测模型降低公害程度是公益性气质. 地震预测结果若有公信力也属于 $S(\ )$. 粮食生产成本具私益性气质, 粮食生产的生态文明程度具公益性气质.

在 $S(\otimes)$ 中思维过程的价值远大于某种函数关系的价值, 或者说序列 $x=(x(1), x(2), \cdots, x(n))$ 是过程, 也是思维模型, 可记为 $n(1)$. 在气质场中从结构看数据个体存在的价值远大于其数据形式存在的价值. 在气质场 $S(\ )$ 中序列的序列记为 $n(i), i=\phi, 0, 1, 2, \cdots, n, i=2, n(2)$, 即序列的序列, 即灰信息包 (作者著《灰信息包》, 台湾高立图书出版公司, 2002).

8.3 $S(\ )$ 建模

8.3.1 出版质量 $S(\ )$ 建模

出版质量是一种气质, 它不同于出版数量, 不同于出版物门类, 却是评估出版的必要指标.

本节以书籍出版品质为背景, 介绍一种气质数据处理办法, 将不能建模的杂乱数据变为可建模序列.

一般来说书籍出版的计算质量, 以印刷品的错字率为准. 然而不同性质的书籍、不同的作者、不同的出版单位、不同的操作式与程序不同的操作人员等都会有不同的错字率. 那么可否找到某种规律、某种模式及某种判别准则 (如气质性准则) 评估, 判断出版的计算品质量呢?

8.3 S( ) 建模

原始数据参考作者等著《灰色预测模型方法与应用》(台湾高立图书出版有限公司, 1998, 第 133 页). 记 ω_i 为第 i 种 (类) 书籍出版数量, 记 ω_{ij} 为 i 种书第 j 次校样错字率, 则有 ω_i 与 ω_{ij} 如表 8.1 和表 8.2 所示.

表 8.1 ω_i: 11 种书总错字数据

ω_i	第 i 种书籍	字数
ω_1	第 1 种书	字数为 127000
ω_2	第 2 种书	字数为 268000
ω_3	第 3 种书	字数为 277000
ω_4	第 4 种书	字数为 178000
ω_5	第 5 种书	字数为 115000
ω_6	第 6 种书	字数为 134000
ω_7	第 7 种书	字数为 186000
ω_8	第 8 种书	字数为 326000
ω_9	第 9 种书	字数为 192000
ω_{10}	第 10 种书	字数为 352000
ω_{11}	第 11 种书	字数为 214500

表 8.2 ω_{ij}: 第 i 种书第 j 次校样错字数

ω_i	ω_{i0}	ω_{i1}	ω_{i2}	ω_{i3}	ω_{i4}
ω_1	2580	2529	35	3	13
ω_2	2500	2441	24	33	2
ω_3	370	350	15	0	3
ω_4	4330	4257	56	12	5
ω_5	521	491	26	4	0

续表

ω_i	ω_{i0}	ω_{i1}	ω_{i2}	ω_{i3}	ω_{i4}
ω_6	653	589	58	5	1
ω_7	2620	2517	76	20	7
ω_8	4330	4060	241	22	7
ω_9	1790	1724	60	3	3
ω_{10}	2900	2815	73	67	35
ω_{11}	1020	2555	44	17	4

数据处理：①相对值化；②平均值化.

称 y_{ir} 为 ω_{ir} 的相对值, 当且仅当符合

$$y_{ir} = \frac{\omega_{ir}}{\omega_{i0}}$$

式中 ω_{i0} 为原书稿错字数. 比如 $i=1$, $r=1$, 有

$$y_{11} = \frac{\omega_{11}}{\omega_{10}} = \frac{2529}{2580} = 0.9802$$

仿此, 有下述错字率相对值化数据：

$$y_{11} = 0.9802, \quad y_{12} = 0.0135$$
$$y_{21} = 0.9764, \quad y_{22} = 0.0096$$
$$y_{31} = 0.9489, \quad y_{32} = 0.0405$$
$$y_{41} = 0.9731, \quad y_{42} = 0.0129$$
$$y_{51} = 0.9424, \quad y_{52} = 0.0499$$
$$y_{61} = 0.9019, \quad y_{62} = 0.0888$$
$$y_{71} = 0.9609, \quad y_{72} = 0.0290$$
$$y_{81} = 0.9376, \quad y_{82} = 0.0556$$
$$y_{91} = 0.9631, \quad y_{92} = 0.0335$$

8.3 S( ) 建模

$$y_{101} = 0.96414, \quad y_{102} = 0.0244$$
$$y_{111} = 0.9598, \quad y_{112} = 0.0271$$
$$y_{13} = 0.0011, \quad y_{14} = 0.0050$$
$$y_{23} = 0.0132, \quad y_{24} = 0.0018$$
$$y_{33} = 0, \quad y_{34} = 0.0081$$
$$y_{43} = 0.0027, \quad y_{44} = 0.0011$$
$$y_{53} = 0.0076, \quad y_{54} = 0$$
$$y_{63} = 0.0076, \quad y_{64} = 0.0015$$
$$y_{73} = 0.0076, \quad y_{74} = 0.0026$$
$$y_{83} = 0.0050, \quad y_{84} = 0.0016$$
$$y_{93} = 0.0033, \quad y_{94} = 0.0016$$
$$y_{103} = 0.0244, \quad y_{104} = 0.0117$$
$$y_{113} = 0.0104, \quad y_{114} = 0.0024$$

出版质量气质数据 $x(k)$ 满足

$$x(k) = \sum_{i=1}^{11} y_{ik}/n, \quad i = 1, 2, \cdots, n.$$

比如, $k = 1$,

$$\begin{aligned} x(1) &= \frac{1}{11} \sum_{i=1}^{11} y_{i1} \\ &= \frac{1}{11}(y_{11} + y_{21} + y_{31} + y_{41} + y_{51} + y_{61} \\ &\quad + y_{71} + y_{81} + y_{91} + y_{101} + y_{111}) \\ &= \frac{1}{11}(0.9802 + 0.9764 + 0.9459 \\ &\quad + 0.9831 + 0.9424 + 0.9019 \\ &\quad + 0.9609 + 0.9376 + 0.9631 \\ &\quad + 0.9414 + 0.9598) \\ &= 0.9538 \end{aligned}$$

仿此, 有
$$x(2) = \frac{1}{11}\sum_{i=1}^{11} y_{i2} = 0.0322$$
$$x(3) = \frac{1}{11}\sum_{i=1}^{11} y_{i3} = 0.0072$$
$$x(4) = \frac{1}{11}\sum_{i=1}^{11} y_{i4} = 0.0033$$

据此, 得出版物质量公益性气质序列 x 为
$$x = (x(1), x(2), x(3), x(4))$$
$$= (0.9538,\ 0.0322,\ 0.0072,\ 0.0033)$$

由于 x 中数据相差悬殊, 超出可建模级比区 λ=(0.1353, 7.389), 不能建 GM(1,1). 为此对 x 作 AGO 处理得 $x^{(1)}$, 表示气质的沉积.

$$x^{(1)} = \text{AGO}\,x$$
$$x^{(1)}(k) = \sum_{m=1}^{k} x(m)$$
$$x^{(1)} = (x^{(1)}(1), x^{(1)}(2), x^{(1)}(3), x^{(1)}(4))$$
$$= (x(1), x(1) + x(2),$$
$$x(1) + x(2) + x(3),$$
$$x(1) + x(2) + x(3) + x(4))$$
$$= (0.9538, 0.986, 0.9932, 0.9965)$$

计算 $x^{(0)}(k) + az^{(1)}(k) = b$ 中 $z^{(1)}(k) = 0.5x^{(1)*}(k) + 0.5x^{(1)*}(k+1)$ 的 AGO 数据得
$$x^{(1)*} = (0.9538, 1.9398, 2.9338, 3.9265)$$

MEAN 处理有
$$z^{(1)}(k) = 0.5x^{(1)*}(k) + 0.5x^{(1)*}(k+1)$$
$$= (z^{(1)}(2), z^{(1)}(3), z^{(1)}(4))$$
$$= (1.4468, 2.4368, 3.4312)$$

8.3 $S()$ 建模

数据矩阵 B 为

$$B = \begin{bmatrix} -z^{(1)}(2) & 1 \\ -z^{(1)}(3) & 1 \\ -z^{(1)}(4) & 1 \end{bmatrix} = \begin{bmatrix} -1.4468 & 1 \\ -2.4368 & 1 \\ -3.4312 & 1 \end{bmatrix}$$

$$y_N = \begin{bmatrix} x^{(0)}(2) & x^{(0)}(3) & x^{(0)}(4) \end{bmatrix}^T$$

$$= \begin{bmatrix} 0.986 & 0.9932 & 0.9965 \end{bmatrix}^T$$

按最小二乘辨识算式

$$\widehat{a} = \begin{bmatrix} a \\ b \end{bmatrix} = (B^T B)^{-1} B^T y_N$$

$$(B^T B)^{-1} = \left[\begin{bmatrix} -1.4468 & -2.4364 & -3.4312 \\ 1 & 1 & 1 \end{bmatrix} \begin{bmatrix} -1.4468 & 1 \\ -2.4364 & 1 \\ -3.4312 & 1 \end{bmatrix} \right]^{-1}$$

$$= \begin{bmatrix} 0.5079 & 1.2383 \\ 1.2383 & 3.3526 \end{bmatrix}$$

$$B^T y_N = \begin{bmatrix} -1.4468 & -2.4364 & -3.4312 \\ 1 & 1 & 1 \end{bmatrix} \begin{bmatrix} 0.986 \\ 0.9932 \\ 0.9965 \end{bmatrix}$$

$$= \begin{bmatrix} -7.2654 \\ 2.9757 \end{bmatrix}$$

$$\widehat{a} = \begin{bmatrix} a \\ b \end{bmatrix} = (B^T B)^{-1} B^T y_N$$

$$= \begin{bmatrix} 0.5079 & 1.2383 \\ 1.2383 & 3.3526 \end{bmatrix} \begin{bmatrix} -7.2654 \\ 2.9757 \end{bmatrix}$$

$$= \begin{bmatrix} -0.0052 \\ 0.9796 \end{bmatrix}$$

$$a = -0.0052, \quad b = 0.9796$$

上述计算过程包含两种气质：即 AGO 气质与模型建立气质 (GM 气质). 因此有气质性算式：

$$\mathrm{GM_p oAGO}$$

或者说 $\quad \mathrm{GM_p oAGO}: x_1^{(1)*} \to (a,b) = (-0.0052, 0.9796)$

结果表明台湾图书公司具有自补贴式公益强度为 0.0052.

8.3.2 地震强度灰建模

如前所述"地震"本身是公害性气质，但地震数据用来建立预测模型，用来降低地震灾害却是公益性气质，其预测结果具有一定公信力属 $S(\ )$.

下面的数据是中国云南省从公元 1500 年起每 20 年中"最强地震"记录. 所谓"最强地震"指强度大于或等于 6 级 (即 $M \geqslant 6$).

第一个百年间云南强地震表记为 T_1, 见表 8.3.

表 8.3 T_1

序号	1	2	3	4	5
时区	第 1 个 20 年	第 2 个 20 年	第 3 个 20 年	第 4 个 20 年	第 5 个 20 年
强度	8.0	ϕ	ϕ	6.5	6.0

第二个百年间云南强地震表记为 T_2, 见表 8.4.

表 8.4 T_2

序号	6	7	8	9	10
时区	第 6 个 20 年	第 7 个 20 年	第 8 个 20 年	第 9 个 20 年	第 10 个 20 年
强度	6.5	6.0	6.75	ϕ	6.5

8.3 $S(\ )$ 建模

第三个百年间云南强地震表记为 T_3，见表 8.5.

表 8.5 T_3

序号	11	12	13	14	15
时区	第 11 个 20 年	第 12 个 20 年	第 13 个 20 年	第 14 个 20 年	第 15 个 20 年
强度	6.5	7.5	6.5	6.5	6.5

第四个百年间云南强地震表记为 T_4，见表 8.6.

表 8.6 T_4

序号	16	17	18	19	20
时区	第 16 个 20 年	第 17 个 20 年	第 18 个 20 年	第 19 个 20 年	第 20 个 20 年
强度	6.0	8.0	6.5	6.0	6.75

第五个百年间云南强地震表记为 T_5，见表 8.7.

表 8.7 T_5

序号	21	22	23	24
时区	第 21 个 20 年	第 22 个 20 年	第 23 个 20 年	第 24 个 20 年
强度	6.5	7.0	7.0	7.7

建模要求对 6 级以上, 7 级以下的地震作气质性分析预测 (所谓气质性分布, 即指其发生的间隔).

从 T_1 至 T_5 (表 8.3 至表 8.7) 知, 气质性序列为

$$\begin{pmatrix} 4 & 5 & 6 & 7 & 8 & 10 & 11 \\ (6.5 & 6.0 & 6.5 & 6.0 & 6.75) & (6.5 & 6.5) \\ 13 & 14 & 15 & 16 & 18 & 19 & 20 & 21 \\ (6.5 & 6.5 & 6.5 & 6.0) & (6.5 & 6.0 & 6.75 & 6.5) \end{pmatrix}$$

从全序列挑选 $M \geqslant 6$ 与 $M < 7$ 的气质点构成气质序列 x

$$x = (8, 11, 16, 21)$$

一般来说：行为的特点是从小到大，即从小开始。气质的特点是从 0 开始，据此有气质建模序列 $x^{(0)}$

$$x^{(0)} = (0, 8, 11, 16, 21)$$

从 $x^{(0)}$ 中划出子序列 $x_*^{(0)}$

$$x_*^{(0)} = (0, 8, 11, 16)$$

作滚动建模。

求 GM(1,1) 中气质性参数 a, b 的气质性算式为

$$\text{GM}_\text{po}\text{AGO} : x_*^{(0)} \to (a, b) = (-0.3493449778, 6.4847)$$

地震本身属公害性气质，地震数据融入 $S(\otimes)$ 是由于地震预测模型的公信力。预测模型公信力表现在其模型精度，精度越高，公信力越大，则残差越小。因此公信力检验，从气质上看是残差检验。残差检验思维链为

$$\text{灰微分方程} \to \text{白化微分方程}$$
$$\to \text{算式}\, \hat{x}_*^{(0)}(k+1) = \hat{x}_*^{(1)}(k+1) - \hat{x}_*^{(1)}(k)$$
$$\to \text{残差}\, e = x_*^{(0)}(k+1)(\text{实际数据})$$
$$-\hat{x}_*^{(0)}(k+1)(\text{模型数据})$$

灰微分方程：

$$x^{(0)}(k) - 0.3493449778 z^{(1)}(k) = 6.4847$$

白化微分方程：

$$\frac{\mathrm{d}x_*^{(1)}}{\mathrm{d}t} + 0.3493449778 x_*^{(1)} = 6.4847$$

白化响应式为

$$\hat{x}_*^{(1)}(k+1) = 18.5625 e^{0.3493449778 k} - 18.5625$$
$$\hat{x}_*^{(0)}(k+1) = \hat{x}_*^{(1)}(k+1) - \hat{x}_*^{(1)}(k)$$

上述模型的残差表, 见表 8.8.

表 8.8　残差表

	模型值 $\hat{x}_*^{(0)}(k)$	实际值 $x_*^{(0)}(k)$	残差 $e/\%$
$k=2$	7.7616	8	2.97
$k=3$	11.0071	11	−0.66
$k=4$	15.6096	16	2.43

模型平均残差 1.82%, 平均精度 98.1%, 最大残差 2.92%, 最小残差 −0.06%, 最大精度为 99.6%. 如果说精度 100% 公信力为上等, 则精度 99.6% 为 90% 以上, 公信力为中等以上.

8.3.3　运动员成绩灰建模

1. 概言

令 $x^{(0)}(k_j)$ 为 k 时刻运动 j 的训练成绩, 并且若 $x^{(0)}(k_j)$ 正比于训练成功次数 Φ, 称为醒蒙 (Striking Kid) 训练. 若 $x^{(0)}(k_j)$ 正比于训练不成功次数 Ψ, 称为发蒙 (Give Kid) 训练. 训练模型有两个奇异气质点: $k=3$, $x^{(0)}(k_j)=x^{(0)}(3_j)$ 为发蒙点, $k=2$, $x^{(0)}(k_j)=x^{(0)}(2_j)$ 为醒蒙点. 不成功次数 Ψ 的逆 Ψ^{-1}, 称训练基系数. 它表示不成功为成功奠定了基 (础).

2. 算式

称算式
$$x^{(0)}(k_j)=\left(\frac{\Phi(\text{成功次数})}{\Psi(\text{不成功次数})}\right)^{k_j-2}\times f$$
为训练模型算式, 当且仅当满足

(P_1) $x^{(0)}(k_j)$ 为 k 时刻运动 j,k 的训练成绩,

(P_2) f 为训练基, 其中 b 为爆发原生态值, $ax^{(0)}(1)$ 为 b 的干扰值, 并且有

(P_3) $f = (b - ax^{(0)}(1))\Psi^{-1}$,

$k=2$, $x^{(0)}(2)=f$, 醒蒙点,

$k=3$, $x^{(0)}(3)=\left(\dfrac{\Phi}{\Psi}\right)f$, 发蒙点,

(P_4) 训练模型算式的模型气质是灰模型 GM(1,1,C),

(P_5) 因为 "成功次数" 与 "不成功次数" 很难准确界定与统计. 因此, 当按训练的专业成绩建立的公益气质模型得到公益强度 a 后按气质论折射率, 按灰理论的映射率有

$$\Psi = 1 + 0.5a, \quad \Phi = 1 - 0.5a.$$

3. 建模

某游泳教练对编号 1$^\#$, 2$^\#$, 3$^\#$ 的三个运动员, 按一定训练要求分阶段测得的运动成绩, 见表 8.9.

表 8.9 游泳运动员 (自由泳) 成绩

运动员序号 \ 成绩	1	2	3	4
1$^\#$	59.3′	59.8′	58.4′	58′
2$^\#$	58′	58.9′	58.1′	59′
3$^\#$	58.9′	59.1′	59.3′	59.5′

运动员 1$^\#$ 公益气质序列 $x_1^{(0)}$ 为

$$\begin{aligned}x_1^{(0)} &= \left(x^{(0)}(0_1), x^{(0)}(1_1), x^{(0)}(2_1), x^{(0)}(3_1), x^{(0)}(4_1)\right) \\ &= (0,\ 59.3,\ 59.8,\ 58.4,\ 58)\end{aligned}$$

8.3 S( ) 建模

GM$_{po}$AGO : $x_1^{(0)} \to (a_1, b_1) = (0.00897442338, 59.9376)$

$a_1 = 0.00897442338, \quad b_1 = 59.9376$

成功气质系数 $\Phi_1 = 1 - 0.5a_1 = 0.995512788$;

不成功气质系数 $\Psi_1 = 1 + 0.5a_1 = 1.004487211$;

训练基系数 $\Psi_1^{-1} = (1.004487211)^{-1} = 0.995532834$,

$$\frac{\Phi_1}{\Psi_1} = \frac{1 - 0.5a_1}{1 + 0.5a_1} = 0.991065667;$$

训练基 $f_1 = \dfrac{b_1 - a_1 x_1^{(0)}(0)}{1 + 0.5a_1} = 59.6698488.$

运动员训练模型算式为

$$\hat{x}_1^{(0)}(k_1) = (0.991065667)^{k-2} \times 59.6698488$$

训练模型公信力度残差检验：对上述模型作残差检验有表 8.10.

表 8.10 残差检验

	模型值 $\hat{x}_1^{(0)}(k)$	实际值 $x_1^{(0)}(k)$	残差 $e/\%$
$k=1$	59.6698488	59.3	-0.62
$k=2$	59.13673454	59.8	1.1
$k=3$	58.60838726	58.4	-0.35
$k=4$	58.08476041	58	-0.14

上表说明模型平均残差 0.5525%, 模型平均精度 99.4475%; 最大残差 1.1%, 最小残差 0.14%, 公信力度在中等以上.

仿此, 运动员 2# 成绩序列 $x_2^{(0)}$ 为

$$\begin{aligned}x_2^{(0)} &= \left(x^{(0)}(0_2), x^{(0)}(1_2), x^{(0)}(2_2), x^{(0)}(3_2), x^{(0)}(4_2)\right) \\ &= (0, 58, 58.9, 58.1, 59)\end{aligned}$$

运动员 $3^\#$ 成绩序列 $x_3^{(0)}$ 为

$$x_3^{(0)} = \left(x^{(0)}(0_3), x^{(0)}(1_3), x^{(0)}(2_3), x^{(0)}(3_3), x^{(0)}(4_3)\right)$$
$$= (0, 58.9, 59.1, 59.3, 59.5)$$

$$\text{GM}_\text{p}\text{oAGO} : x_2^{(0)} \to (a_2, b_2) = (0.00376068388, 58.061)$$
$$\text{GM}_\text{p}\text{oAGO} : x_3^{(0)} \to (a_3, b_3) = (0.00337837078, 58.8008)$$

运动员 $1^\#, 2^\#, 3^\#$ 气质参数列表，见表 8.11。

表 8.11 运动员 $1^\#, 2^\#, 3^\#$ 气质参数

参数	$1^\#$	$2^\#$	$3^\#$
b	59.9276	58.061	58.8008
a	0.00897442328	-0.00376068388	-0.00337837078
f	59.6698488	58.17038015	58.90029349
Φ	0.995513789	1.001880341	1.001689185
Ψ	1.004487211	0.998119569	0.998310815
Φ/Ψ	0.991065667	1.003767767	1.003384086

运动员 $2^\#, 3^\#$ 训练模型公信力度 (残差检验)，见表 8.12 和表 8.13。

表 8.12 运动员 $2^\#$ 公信力度检验

	模型值 $\hat{x}_2^{(0)}(k)$	实际值 $x_2^{(0)}(k)$	残差 $e/\%$
$k=1$	58.17038015	58	-0.29
$k=2$	58.38955259	58.9	0.86
$k=3$	58.60955082	58.1	-0.87
$k=4$	58.83037795	59	0.28

8.3 S( ) 建模

表 8.13　运动员 3# 公信力度检验

	模型值 $\hat{x}_3^{(0)}(k)$	实际值 $x_3^{(0)}(k)$	残差 $e/\%$
$k=1$	58.90029349	58.9	−0.00049
$k=2$	59.09961715	59.1	−0.00064
$k=3$	59.29961534	59.3	−0.00064
$k=4$	59.50029033	59.5	−0.00048

第 9 章　灰信息包

9.1　灰信息包 (Grey Information Package)

灰信息包是思维主链、思维次链、思维明链、思维暗链 …… 的总称 (参见作者所著《灰理论中的灰信息包》, 台湾高立图书公司, 2002).

9.2　思维主链 L

L 由概念、理论、模式、结果等构成的思维过程, 称为思维主链, 记为 L 或 TM, 即

$$概念 \to 命题 \to 理论 \to 信息 \to 知识$$
$$\to 模式 (算式) \to 数据 \to 结果$$

上述思维链有下述特点:

特点一: 思维过程性呈 (气质性);

特点二: 雏起点性 (概念是气质的雏形, 是思维的始点, 是灰朦胧集的胚胎点);

特点三: 可升华性. 进入 L 的概念, 必须是可升华的 (可理论化的, 命题化的);

特点四: 可操作性. 进入 L 的概念, 必须是可建模可量化可操作的;

特点五: 时效性. 进入 L 的概念, 必须是通过建模获得实用结果的;

特点六: 形态序列化. L 实质上是思维序列;

特点七：灰信息包化. L 的元素都是序列, 所以 L 是序列的序列即 $n(2)$, 即灰信息包.

9.3 命题、子命题

9.3.1 命题

一个完整且独立的研究任务称为命题 (Proposition Sentence). 例如

(1) 运动员素质的研究 (包括 Φ 与 Ψ);

(2) A 地区经济态势的分析 (气质灰关联分析);

(3) 通信网络分析.

9.3.2 子命题

命题 $\mathscr{P}$ 中一个完整的子任务称子命题 (Subproposition)$\mathscr{P}_i$. 例如

(1) 在运动员素质命题 $\mathscr{P}$ 中有

　(i) 球类运动员素质子命题 $\mathscr{P}_1$,

　(ii) 田径运动员素质子命题 $\mathscr{P}_2$,

　(iii) 游泳运动员素质子命题 $\mathscr{P}_3$;

(2) A 地区经济分析命题 $\mathscr{P}$ 中, 各局部地区 $a,b,c,\cdots$ 的经济分析都是 $\mathscr{P}$ 的子命题, 当且仅当有 $a,b,c,\cdots \in A$;

(3) 通信网络分析命题 $\mathscr{P}$ 中, 各局部网络为 $\mathscr{P}$ 的子命题

含有子命题对象, 称多命题对象. 体现思维智慧性的思维域简称域 (Domain). 在信息包中一切数字必须是实数, 称实数域; 一切实数必须为正, 称正数域; 一切正实数必须是可观测的, 称可测域. 这三个域：实数域、正数域、可测域称信息包的潜域. 信息包中域的总数 $n(d)$ 除以 3 记

为 $n(\omega)$, 称智慧度

$$n(\omega) = \frac{n(d)}{3}$$

9.4 命题信息域

命题 $\mathscr{P}$ 中所含显化的, 隐含的信息的全体, 称为命题信息域 (Propostional Information Domain), 记为 $\mathscr{P}(\theta)$.

例如,

(i) 运动员素质命题 $\mathscr{P}$ 中：运动员的体型、体力、体能、素质 (素养)、文化修养等信息, 构成运动员气质的命题信息域.

(ii) 经济分析命题 $\mathscr{P}$ 中：地区的工业、农业、商业、服务业 (运输业、建筑业、旅游业 $\cdots\cdots$), 以及经济信息构成经济分析的命题信息域.

(iii) 网络分析中：数据结构、通信方式、通信手段、通信原理、通信的一切软体与硬体信息构成通信网络分析的命题信息域.

9.5 定义信息域

在理论分析的基础上, 人为定义的命题信息, 称定义信息 (Definition Information), 可量化的定义信息全体, 称定义信息域, 记为 $\pi(\theta)$. 例如,

(i) 运动员素质：人为定义有身高、体重、弹跳力、爆发力、文化程度等全部可量化的素质信息构成运动员素质的定义信息域.

(ii) 经济分析：人为定义有产量、产值、利润、税收等信息为经济态势的表现信息, 其全体为经济分析的定义信息域.

(iii) 网络分析：人为定义的基带、宽带、协议等可量化信息为网络的表现信息, 其全体为网络分析的定义信息域.

既然有了命题信息域，为什么还要定义信息域呢？因为命题信息域存在隐含信息，具有难操作性。

9.6 指标与因子

9.6.1 指标

在定义信息域 $\pi(\theta)$ 中，用来表现命题内涵的项目，称为指标 (Index)。例如，

(i) 运动员素质中的耐力、爆发力、弹跳力等为指标。

(ii) 经济分析中的流动资金、固定资产、技术人员数量、驰名商标数目、专利数量、具有自主知识产权商品数量等为指标。

(iii) 网络分析中的通信量、网络层次、平均传输时间、频道带宽等为指标。

9.6.2 因子

指标的时间序列，指标的模式序列，指标的空间序列，统称单指标序列。指标的时间序列，称为因子序列，简称因子 (Factor)。例如，

(i) 运动员素质中弹跳力在不同测试时刻的成绩构成的序列，即因子。

(ii) 经济分析中的流动资金的时间序列是因子。

(iii) 网络分析中的通信量时间序列是因子。

9.7 域 (Domain)

灰信息包一般有五个以上的域构成，即

(1) 概念域 (Concept Domain);

(2) 理论域 (Theory Domain);

(3) 技术域 (Technology Domain);

(4) 工程域 (Engineering Domain);

(5) 实用域 (Practical Domain).

概念域必含命题, 所以概念域即命题域. 理论域是从理论上对概念作量化定义, 所以理论域也就是定义信息域.

整个 L 思维链 (或称思模) 中所含域 D 的数目是评价思维的重要指标. 因为它包含下述气质:

气质一: 思维的精细气质 (域 D 越多, 思维层次越多, 思维越精细);

气质二: 思维的周密气质 (域越多, 考虑的方方面面越多, 越周密);

气质三: 思维的智慧性 (广义智慧)(只有大智慧才能有足够的思维深度, 域的多少体现);

气质四: 思维的严谨性 (域越多, 思维越严谨).

既然域的数目多少有上述四种气质, 所以思模中域的数目是评估思模的主要指标, 记 e_{ij} 为 i 任务用 j 思维对应其域的数目 (域的数目亦称广义智慧度), 则有

思模评价准则一　$\max\limits_{j} e_{ij} = e_{ij^*}$, 则 j^* 为最佳思模.

思模评价准则二　令 ω 为数字权, 称 ωe_{ij} 为泛智慧度, ω 取决于思模中算式的数目, 算式越多, ω 权越大. 以及实用性, 即模型作残差检验时, 思模中精度达 90% 以上点数越多, 泛智慧度越大.

若有

$$\max\limits_{j} e_{ij} = j^*(a) = \max\limits_{j} e_{ij} = j^*(b)$$

即当 $j^*(a) =^* (b)$ 时

$$\omega(a)e_{ij} > \omega(b)e_{ij}, \quad 则 j^*(a) \succ j^*(b)$$

设置思维域的原则有如下三条.

原则一：必要性原理. 称思维中域 d^* 是符合必要性原理的, 当且仅当它满足

$1°$ $\exists \Lambda\ d^* \to \exists \Lambda \mathscr{P}(\Lambda d$ 读为 "顺 d", 表示气质完整的域$)$.

$2°$ 否则 $\to \mathscr{P} \in \phi$, $\mathscr{P}$ 为命题信息域. 比如研究广义能量系统 GNS, 则惯性气质是必要的. 只有惯性气质才能体现广义能量, 若不是惯性气质域, 而是经典惯性, 则广义能量命题 $\mathscr{P}$ 为空集.

原则二：分割性原理. 称子域 d^* 符合分割性原则, 当且仅当它满足将 d 分割为 $d(1)$ 与 $d(2)$, 则必有

(1) $d(1) \cap d(2) = \phi$;

(2) $\bigcup_{i=1}^{2} d(i) = \mathscr{P}(\theta)$.

比如 $\mathscr{P}$=GNS 内有摆动型 GM 与非摆动型 GM, 则

(1) 摆动型 GM$\cap$ 非摆动型 GM=ϕ;

(2) 摆动型 GM$\cup$ 非摆动型 GM=GNS.

原则三：撤域原理. 令总域为 Λ, 有 $D(i) \in \Lambda$, $D(j) \in \Lambda$, 当 $D(i)$ 与 $D(j)$ 符合 $D(i) + D(j) + D(k) = D(k)$ 时, 称 $D(i)$ 与 $D(j)$ 为可撤域.

9.8 思模 TM(Thinking Model) 示例

TM(1)

考虑研究任务 i=GNS, 则有

概念域：命题信息域, 一般 GM, SmoGM(1,1) 作为对应任务 i 的手段 j;

理论域：定义信息域, $x^{(0)}(k) + az^{(1)}(k) = b$;

技术域：

$$C = \sum_{k=2}^{n} z^{(1)}(k)$$

$$D = \sum_{k=2}^{n} x^{(0)}(k)$$

$$E = \sum_{k=2}^{n} z^{(1)}(k) x^{(0)}(k)$$

$$F = \sum_{k=2}^{n} \left(z^{(1)}(k)\right)^2$$

工程域：

$$a = \frac{CD - (n-1)E}{(n-1)F - C^2}$$

$$b = \frac{DF - CE}{(n-1)F - C^2}$$

实用域：残差——平均残差、最大残差、最小残差，

精度——平均精度、最大精度、最小精度.

TM(2)

概念域：命题信息域，陡变 GM, SteepGM(1,1) 作为对应任务 i 的手段 j；

理论域：定义信息域，$x^{(0)}(k) + az^{(1)}(k-\tau) = bk^r$；

技术域：

$$C = \sum_{m=1}^{n} (\tau + m)^r z^{(1)}(m)$$

$$D = \sum_{m=1}^{n} (\tau + m)^r x^{(0)}(\tau + m)$$

9.8 思模 TM(Thinking Model) 示例

$$E = \sum_{m=1}^{n} z^{(1)}(m) x^{(0)}(\tau + m)$$

$$F = \sum_{m=1}^{n} \left(z^{(1)}(m)\right)^2$$

$$G = \sum_{m=1}^{n} (\tau + m)^{2r}$$

工程域：

$$a = \frac{CD - GE}{GF - C^2}$$

$$b = \frac{DF - CE}{GF - C^2}$$

实用域：残差, 精度.

TM(3)

概念域：命题信息域, 摆动 GM(1,1) 作为手段 j 对应任务 i;

理论域：定义信息域,

$$x^{(0)}(k) + a \tan(k - \tau) p z^{(1)}(k - \tau) = b \sin(k - \tau) p$$

技术域：

$$C = \sum_{m=2}^{n} z^{(1)}(m) \tan m \sin mp$$

$$D = \sum_{m=2}^{n} (\tau + m) \sin mp$$

$$E = \sum_{m=2}^{n} z^{(1)}(m) x^{(0)}(\tau + m) \tan mp$$

$$F = \sum_{m=2}^{n} \left(z^{(1)}(m) \tan mp\right)^2$$

$$G = \sum_{m=2}^{n} (\sin mp)^2$$

工程域：
$$a = \frac{CD - GE}{GF - C^2}$$
$$b = \frac{DF - CE}{GF - C^2}$$

实用域：残差, 精度.

TM(4)

概念域：命题信息域, 运动员训练命题;

理论域：定义信息域, $x^{(0)}(k) = \left(\frac{\Phi}{\Psi}\right)^{k-2} \cdot f$;

技术域：(i) 运动员 1# 成绩序列 $x_1^{(0)}$, 运动员 2# 成绩序列 $x_2^{(0)}$, 运动员 3# 成绩序列 $x_3^{(0)}$;

(ii) $\Phi_i = 1 - 0.5a_i$, $\quad \Psi_i = 1 + 0.5a_i$, $\quad f_i = \dfrac{b_i - a_i x_i^{(0)}(1)}{\Psi_i}$, $\quad i=1,2$.

工程域：$x_i^{(0)}(k)$ 算式;

实用域：$\hat{x}_i^{(0)}(k)$ 模型值与 $x_i^{(0)}(k)$ 实际值的差.

9.9 思模评估

下面两定理为思模评估奠定了基础.

定理 9.1(等域性定理)　符合原则一 (必要性原则)、原则二 (分割性原则) 与原则三 (撤域性原则) 不矛盾的思模 TM(j), TM(j) $\in$ TM 的域总数 $n(d, j)$ 是等同的, 一般 $n(d, j)$=5, $\forall j \in J$.

证明　若有 $n(d, j) \neq n(d, j')$, 且 $n(d, j), n(d, j') \in$ TM. 不妨假设 $n(d, j) > n(d, j')$ 是 TM 完整的元素时, $n(d, j)$ 比不完整, 这与原则一中 1° 不符.

其余原则可类此证明.

定理 9.2(气质性定理)　按"气质"定义知, 气质 (Makings) 是行为特征, 是作为的独特方式. 在 TM 全域中, 只有实用域是体现行为的. 在 j 为对应任务 i 的第 j 种模型时, 只有模型精度 p 体现模型的作为. 而精度不小于 90% 的点数 $n(p,j)$ 是 TM 作为的独特方式, 是 TM 的气质. 总之, 模型精度 p 不是模型本身而是模型内在的一种固有特性. 选用何种模型应对任务 i 使其精度点数最多是一种智慧. 因为气质是作为的独特方式, "独特" 意味着唯一. 所以, $n(p,j)$ 是选模型智慧的唯一测度.

推论 9.1 选模型的思维域 TM 中有

(1) $\max\limits_{j} E_{ij} = E_{ij^*}$;

(2) $\max\limits_{n(p)} E_{ij} = E_{ij^*(p)}$;

(3) $E_{ij^*} = E_{ij^*(p)}$.

推论 9.2 在 TM 中域总数等于 5.

$$n(d,j) = 5, \quad \forall j \in J$$

证明 在 TM 中概念域、理论域、技术域、工程域、实用域是必不可少的, 因此, 推论 9.2 成立. 设定任务 i 为 GNS(广义能量系统)

$$(i,j) = (i,1) \text{ 为 SmoGM}$$
$$(i,j) = (i,2) \text{ 为 SteepGM}$$
$$(i,j) = (i,3) \text{ 为 UGM}$$

又有 $n(p,1)=0, n(p,2)=2, n(p,3)=4$, 则按推论 9.1 知

$$\max\limits_{n(p)} E_{ij} = E_{ij^*} = E_{i3}$$

即 UGM 是应对 GNS 的最佳 TM.

第10章 表 元 素

10.1 概 言

表元素是资源开发的重要工具. 表元素本身不是资源, 而是展示、搜集、处理资源 (信息) 的手段. 表元素从内涵、气质来看有两类: List element 与 Table element. 前者记为 Le 或 Lb, 后者记为 Te 或 Tb. 此外, 还有另类: 数字连线圈 (如圈闭) 以及文字数字综合表 (如数据库).

10.2 Table element (Te)

Table element 的作用是将篇幅大、布置不灵活的表格, 按列或行转化为篇幅小易于布置的 "序列"(表元素), 然后经过 "运算" 还原为表格.

Te 有关符号: 字符集 X

$$x \times yX = \{b_1 b_2 b_3\}$$

x 为 X 的行数, y 为 X 的列数, 并且有 $x \times yX = \{a, b, c\}$ 导致 $x \times ya$ 与 $x \times yb \cdots b_1$ 表示指标流水, 记为 $b_1 \Rightarrow (\vec{i}\,\#)$, $\vec{i}$ 是指标 i 的流水, 如 1, 2, 3, 4, 5, 6, 7, $\cdots$, # 是指标的定义. 比如有 $2 \times 10 X = \{b_1 b_2 b_3\}$, $2 \times 10 a_1 = (\vec{i}\,\#(小麦形状单株产量流水))$,

$2 \times 10 b_1 \Rightarrow$

	1#	2#	3#	4#	5#	6#	7#	8#
	1.139	1.051	1.269	0.85	1.045	0.639	0.968	0.998
	9#	10#						
	1.045	0.88						

$2 \times 10 b_1 \Rightarrow \vec{i}\,\#$, 单株穗数有

$2\times 10 b_1 \Rightarrow$

	1#	2#	3#	4#	5#	6#	7#	8#
	1.129	1.069	1.182	0.886	1.045	0.93	0.968	0.998
	9#	10#						
	0.862	0.88						

$2\times 10 b_1 \Rightarrow \vec{i}\,\#$, 穗粒数有

1#	2#	3#	4#	5#	6#	7#	8#	9#	10#
1.125	0.922	1.092	0.926	1.095	0.963	0.952	0.951	0.76	0.942

$2\times 10 b_1 \Rightarrow \vec{i}\,\#$, 千粒重有

1#	2#	3#	4#	5#	6#	7#	8#	9#	10#
0.892	1.059	0.986	1.041	0.916	1.012	1.02	1.012	1.086	0.976

$2\times 10 b_1 \Rightarrow \vec{i}\,\#$, 主茎穗长

1#	2#	3#	4#	5#	6#	7#	8#	9#	10#
0.892	0.892	1.03	0.892	1.018	1.053	0.995	0.995	1.11	1.21

$2\times 10 b_1 \Rightarrow \vec{i}\,\#$, 不孕子穗

1#	2#	3#	4#	5#	6#	7#	8#
0.393	0.393	0.213	1.124	1.798	1.348	1.236	0.763
9#	10#						
1.258	1.483						

$2 \times 10 b_1 \Rightarrow \vec{i}\,\#$, 穗下茎长

1#	2#	3#	4#	5#	6#	7#	8#
1.033	0.853	1.132	1.017	1.033	1.045	0.977	0.841
9#	10#						
1.045	1.065						

$2 \times 10 b_1 \Rightarrow \vec{i}\,\#$, 株高

1#	2#	3#	4#	5#	6#	7#	8#
1.005	0.943	1.054	0.961	1.037	0.978	0.978	0.958
9#	10#						
1.001	1.079						

$2 \times 10 b_1 \Rightarrow \vec{i}\,\#$, 籽粒蛋白质质量

1#	2#	3#	4#	5#	6#	7#	8#	9#	10#
1.05	0.967	1.009	1.039	0.982	0.941	1.02	1.007	0.904	1.08

$2\times 10b_1 \Rightarrow \vec{i}\,\#$, 单株蛋白质含量

1#	2#	3#	4#	5#	6#	7#	8#	9#	10#
1.196	1.015	1.285	0.881	1.022	0.885	0.992	1.004	0.777	0.95

$2\times 10b_1 \Rightarrow \vec{i}\,\#$, 干面筋含量 (面筋含量涉及小麦优质性)

1#	2#	3#	4#	5#	6#	7#	8#	9#	10#
1.013	0.981	0.971	1.073	0.948	0.933	1.014	0.965	0.858	1.053

$2\times 10b_1 \Rightarrow \vec{i}\,\#$, 湿面筋含量

1#	2#	3#	4#	5#	6#	7#	8#	9#	10#
1.134	0.987	0.973	1.065	0.944	0.934	1.011	0.968	0.836	1.148

$2\times 10b_1 \Rightarrow \vec{i}\,\#$, 沉淀值

1#	2#	3#	4#	5#	6#	7#	8#	9#	10#
1.027	0.977	1.013	0.948	0.973	1.077	0.971	1.052	0.872	1.082

10.2.1 标称流水

标称按 1, 2, 3, 4, 5, 6, 7, ⋯ 顺序变化称为标称流水, 并用箭头上标表示流水. 如 $d_{i\,\vec{j}}$ 表示 $d_{i1}\ d_{i2}\ d_{i3}\ d_{i4}\ d_{i5}\ d_{i6}\ d_{i7}\cdots$ 一般用 sf 表示标称流水 (Sign Flow). sf 前的数字表示流水的位数, 如 5×1sf 就是

$$\text{sf sf sf sf sf sf}$$

如 5×2sf 就是

$$\text{sf sf sf sf sf sf}$$
$$\text{sf sf sf sf sf sf}$$

10.2.2 数字流水

数字的等值顺近称为数字流水 Nf, 其中数字 0 流水记为 $\vec{0}$, 如 $10\times 1\vec{0}$ 表示 0 0 0 0 0 0 0 0 0, $(10\times 1)\vec{0}$ 表示 0 0 0 0 0 0 0 0 0 1. 同理有 1 流水 $\vec{1}$, 如 $(4\times 1)\vec{1}$ 对应 1 1 1 1.

在作者所著《灰色数理资源科学导论》(华中科技大学出版社, 2007, 第 101 页) 的门槛矩阵 $M(0,1)$ 就是

10.2 Table element (Te)

$$M(0,1) = \{\vec{0}, \vec{1}\}$$

下面介绍 $M(0,1)$ 中的 Nf. 称 flow 是 $M(0,1)$ 中的 Nf, 当且仅当每个流水单元的位数 P_n 和等于 $M(0,1)$ 的行数 R_N (Row Number).

$M(0,1)$ 中的 20 列 x_{20}, 原始序列为

$$\begin{aligned}
x_1 &= (x_1(1), x_1(2), x_1(3), \cdots, x_1(13)) \\
&= (0.93, 0.82, 1.06, 0.89, 0.82, 0.65, \\
&\quad 0.99, 0.92, 1.05, 1.14, 0.66, 0.63, 0.85) \\
x_2 &= (x_2(1), x_2(2), x_2(3), \cdots, x_2(13)) \\
&= (0.96, 1.24, 1.54, 0.91, 1.32, 0.65, \\
&\quad 1.00, 1.39, 0.71, 0.88, 0.66, 0.48, 0.85)
\end{aligned}$$

……

$$\begin{aligned}
x_{20} &= (x_{20}(1), x_{20}(2), x_{20}(3), \cdots, x_{20}(13)) \\
&= (1.04, 0.89, 1.17, 0.93, 1.31, 0.65, \\
&\quad 1, 0.93, 0.85, 1.11, 0.66, 0.63, 0.85)
\end{aligned}$$

对 $x_1, x_2, \cdots, x_{20}$ 作自关联计算得门槛矩阵如下:

$$M'^{\mathrm{T}}_{\mathrm{sef}} = \begin{bmatrix} 1 & 0.89 & \cdots & 0.936 \\ 0.89 & 1 & \cdots & 0.94 \\ 0.899 & 0.899 & & \vdots \\ 0.918 & 0.918 & & \vdots \\ 0.848 & 0.848 & & \vdots \\ 0.786 & 0.855 & & \vdots \\ 0.808 & 0.808 & & \vdots \\ 0.913 & 0.877 & & \vdots \\ \vdots & \vdots & & \vdots \\ 0.936 & 0.89 & \cdots & 1 \end{bmatrix}$$

对原始自关联矩阵作门槛化处理, 即

$\gamma(x_0, x_i) \geqslant 0.85$ 归为门槛值 1;

$\gamma(x_0, x_i) \leqslant 0.85$ 归为门槛值 0.

如此得门槛矩阵如下：

$$M(0,1) = \begin{bmatrix} 1 & 1 & 1 & 1 & 0 & 0 & 0 & 1 & 0 & 0 & 1 & 0 & 1 & 1 & 0 & 0 & 1 & 1 & 1 & 1 \\ 1 & 1 & 1 & 1 & 0 & 0 & 0 & 0 & 0 & 0 & 0 & 0 & 1 & 1 & 0 & 0 & 1 & 1 & 1 & 1 \\ 1 & 1 & 1 & 1 & 0 & 0 & 0 & 1 & 0 & 0 & 1 & 0 & 1 & 1 & 0 & 0 & 1 & 1 & 1 & 1 \\ 1 & 1 & 1 & 1 & 0 & 0 & 0 & 1 & 0 & 0 & 1 & 0 & 1 & 1 & 0 & 0 & 1 & 1 & 1 & 1 \\ 0 & 0 & 0 & 0 & 1 & 0 & 0 & 0 & 0 & 0 & 0 & 0 & 0 & 0 & 1 & 0 & 0 & 0 & 0 & 0 \\ 0 & 0 & 0 & 0 & 0 & 1 & 0 & 0 & 0 & 0 & 0 & 0 & 0 & 0 & 0 & 0 & 0 & 0 & 0 & 0 \\ 0 & 0 & 0 & 0 & 0 & 0 & 1 & 0 & 0 & 0 & 0 & 0 & 0 & 0 & 0 & 0 & 0 & 0 & 0 & 0 \\ 1 & 1 & 1 & 1 & 0 & 0 & 0 & 1 & 0 & 0 & 1 & 0 & 1 & 1 & 0 & 0 & 1 & 1 & 1 & 1 \\ 0 & 0 & 0 & 0 & 0 & 0 & 0 & 0 & 1 & 0 & 0 & 0 & 0 & 0 & 0 & 0 & 0 & 0 & 0 & 0 \\ 0 & 0 & 0 & 0 & 0 & 0 & 0 & 0 & 0 & 1 & 0 & 0 & 0 & 0 & 0 & 0 & 0 & 0 & 0 & 0 \\ 1 & 1 & 1 & 1 & 0 & 0 & 0 & 1 & 0 & 0 & 1 & 0 & 1 & 1 & 0 & 0 & 1 & 1 & 1 & 1 \\ 0 & 0 & 0 & 0 & 0 & 0 & 0 & 0 & 0 & 0 & 0 & 1 & 0 & 0 & 0 & 0 & 0 & 0 & 0 & 0 \\ 1 & 1 & 1 & 1 & 0 & 0 & 0 & 1 & 0 & 0 & 1 & 0 & 1 & 1 & 0 & 0 & 1 & 1 & 1 & 1 \\ 1 & 1 & 1 & 1 & 0 & 0 & 0 & 1 & 0 & 0 & 1 & 0 & 1 & 1 & 0 & 0 & 1 & 1 & 1 & 1 \\ 0 & 0 & 0 & 0 & 0 & 0 & 0 & 0 & 0 & 0 & 0 & 0 & 0 & 1 & 0 & 0 & 0 & 0 & 0 & 0 \\ 0 & 0 & 0 & 0 & 1 & 1 & 1 & 0 & 0 & 0 & 0 & 0 & 0 & 0 & 1 & 0 & 0 & 0 & 0 & 0 \\ 1 & 1 & 1 & 1 & 0 & 0 & 0 & 1 & 0 & 0 & 1 & 0 & 1 & 1 & 0 & 0 & 1 & 1 & 1 & 1 \\ 1 & 1 & 1 & 1 & 0 & 0 & 0 & 1 & 0 & 0 & 1 & 0 & 1 & 1 & 0 & 0 & 1 & 1 & 1 & 1 \\ 1 & 1 & 1 & 1 & 0 & 0 & 0 & 1 & 0 & 0 & 1 & 0 & 1 & 1 & 0 & 0 & 1 & 1 & 1 & 1 \\ 1 & 1 & 1 & 1 & 0 & 0 & 0 & 1 & 0 & 0 & 1 & 0 & 1 & 1 & 0 & 0 & 1 & 1 & 1 & 1 \end{bmatrix}$$

10.2 Table element (Te)

流水序列 (Flow sequence) 由 fs 或 Nf 构成的序列为流水序列,记为 fse.

10.2.3 门槛矩阵

门槛矩阵 $M(0, 1)$ 是由 fse 构成的矩阵 $M(\text{fse})$.

$$\text{fse}(20) = x_{20} = (4 \times 1)\vec{1} + (3 \times 1)\vec{0} + 1 + (2 \times 1)\vec{0} + 1 \\ + 0 + (2 \times 1)\vec{1} + (2 \times 1)\vec{0} + (4 \times 1)\vec{1}$$

$$x_{20} = \begin{array}{cccccc} 1\,1\,1\,1 & 0\,0\,0 & & 1 & & 0\,0 \\ (4 \times 1) \times \vec{1} & (3 \times 0) \times \vec{0} & & & & (2 \times 0) \times \vec{0} \\ 1 & 0 & 1\,1 & & 0\,0 & 1\,1\,1\,1 \\ & & (2 \times 1) \times \vec{1} & (2 \times 0) \times \vec{0} & & (4 \times 1) \times \vec{1} \end{array}$$

$$\text{fse}(19) = x_{19} = (4 \times 1)\vec{1} + (3 \times 1)\vec{0} + 1 + (2 \times 1)\vec{0} + 1 \\ + 0 + (2 \times 1)\vec{1} + (2 \times 1)\ \vec{0} + (4 \times 1)\vec{1}$$

$$x_{19} = \begin{array}{cccccc} 1\,1\,1\,1 & 0\,0\,0 & & 1 & & 0\,0 \\ (4 \times 1) \times \vec{1} & (3 \times 0) \times \vec{0} & & & & (2 \times 0) \times \vec{0} \\ 1 & 0 & 1\,1 & & 0\,0 & 1\,1\,1\,1 \\ & & (2 \times 1) \times \vec{1} & (2 \times 0) \times \vec{0} & & (4 \times 1) \times \vec{1} \end{array}$$

$$\text{fse}(18) = x_{18} = (4 \times 1)\vec{1} + (3 \times 1)\vec{0} + 1 + (2 \times 1)\vec{0} + 1 \\ + 0 + (2 \times 1)\vec{1} + (2 \times 1)\vec{0} + (4 \times 1)\vec{1}$$

$$x_{18} = \begin{array}{cccccc} 1\,1\,1\,1 & 0\,0\,0 & & 1 & & 0\,0 \\ (4 \times 1) \times \vec{1} & (3 \times 0) \times \vec{0} & & & & (2 \times 0) \times \vec{0} \\ 1 & 0 & 1\,1 & & 0\,0 & 1\,1\,1\,1 \\ & & (2 \times 1) \times \vec{1} & (2 \times 0) \times \vec{0} & & (4 \times 1) \times \vec{1} \end{array}$$

$$\text{fse}(17) = x_{17} = (4 \times 1)\vec{1} + (3 \times 1)\vec{0} + 1 + (2 \times 1)\vec{0} + 1 \\ + 0 + (2 \times 1)\vec{1} + (2 \times 1)\vec{0} + (4 \times 1)\vec{1}$$

$$x_{17} = \begin{array}{llll} 1\,1\,1\,1 & 0\,0\,0 & 1 & 0\,0 \\ (4\times 1)\times \vec{1} & (3\times 0)\times \vec{0} & & (2\times 0)\times \vec{0} \\ 1 & 0 & 1\,1 & 0\,0 \quad 1\,1\,1\,1 \\ & (2\times 1)\times \vec{1} & (2\times 0)\times \vec{0} & (4\times 1)\times \vec{1} \end{array}$$

$\text{fse}(16) = x_{16} = (4\times 1)\ \vec{0} + 1 + (10\times 1)\ \vec{0} + 1 + (4\times 1)\ \vec{0}$

$x_{16} = 0\,0\,0\,0\,1\,0\,0\,0\,0\,0\,0\,0\,0\,0\,0\,0\,1\,0\,0\,0\,0$

$\text{fse}(15) = x_{15} = (14\times 1)\vec{0} + 1 + (5\times 1)\vec{0}$

$x_{15} = 0\,0\,0\,0\,0\,0\,0\,0\,0\,0\,0\,0\,0\,0\,1\,0\,0\,0\,0\,0$

$\text{fse}(14) = x_{14} = (4\times 1)\vec{1} + (3\times 1)\vec{0} + 1 + (2\times 1)\vec{0} + 1$
$\qquad\qquad\qquad + 0 + (2\times 1)\vec{1} + (2\times 1)\vec{0} + (4\times 1)\vec{1}$

$x_{14} = 1\,1\,1\,1\,0\,0\,0\,1\,0\,0\,1\,0\,1\,1\,0\,0\,1\,1\,1\,1$

10.3 灰 色 圈 闭

表或表元素将其内涵气质通过数字 (气质性数据) 作气质性联结以到达能指引矿藏区的图, 称圈闭, 当且仅当满足

(P_1) 气质性数据是物探信息的升华;

(P_2) 气质性联线是物探数据灰关联度联线;

(P_3) 物探信息序列 x_i 为

$$x_i = (R_n, U, T_h, T_c, T_{LD})$$

其中, R_n 为活性炭吸附氡, U 为地面能谱铀, T_h 为地面能谱钍, T_c 为能谱总量, T_{LD} 为热释光.

10.3.1 灰色圈闭模拟计算

给定母资源列 x_0:

10.3 灰色圈闭

$$x_0 = (1, 1, 1.2, 0.8)$$

子资源全列 x_1：

$$(\text{全列})x_1 = (0.01, 0.02, 0.02, 0.58, 0.76, 0.51, 0.01, 0.02)$$

扫描子列有

$$x_{11} = (x(1_1), x(2_1), x(3_1), x(4_1))$$
$$= (0.01, 0.02, 0.02, 1)$$
$$x_{12} = (x(1_2), x(2_2), x(3_2), x(4_2))$$
$$= (0.02, 0.02, 1, 0.58)$$
$$x_{13} = (x(1_3), x(2_3), x(3_3), x(4_3))$$
$$= (0.02, 1.0, 0.58, 0.76)$$
$$x_{14} = (x(1_4), x(2_4), x(3_4), x(4_4))$$
$$= (1, 0.58, 0.76, 0.5)$$
$$x_{15} = (x(1_5), x(2_5), x(3_5), x(4_5))$$
$$= (0.58, 0.76, 0.5, 1)$$
$$x_{16} = (x(1_6), x(2_6), x(3_6), x(4_6))$$
$$= (0.76, 0.5, 1, 0.01)$$
$$x_{17} = (x(1_7), x(2_7), x(3_7), x(4_7))$$
$$= (0.5, 1, 0.01, 0.02)$$

对上述子列均值化后求灰关联度，得资源线 r_i, $i=1, 2, 3, 4, 5$。比如，

$$r_1 = (r(x_0, x_{11}), r(x_0, x_{12}), r(x_0, x_{13}),$$
$$r(x_0, x_{14}), r(x_0, x_{15}), r(x_0, x_{16}), r(x_0, x_{17}))$$

$$= (r_{11}, r_{12}, r_{13}, r_{14}, r_{15}, r_{16}, r_{17})$$
$$= (0.46, 0.56, 0.7, 0.7, 0.626, 0.61, 0.58)$$
$$r_2 = (r_{21}, r_{22}, r_{23}, r_{24}, r_{25}, r_{26}, r_{27})$$
$$= (0.51, 0.64, 0.74, 0.82, 0.725, 0.719, 0.625)$$
$$r_3 = (r_{31}, r_{32}, r_{33}, r_{34}, r_{35}, r_{36}, r_{37})$$
$$= (0.6, 0.763, 0.785, 0.8, 0.954, 0.79, 0.7)$$
$$r_4 = (r_{41}, r_{42}, r_{43}, r_{44}, r_{45}, r_{46}, r_{47})$$
$$= (0.64, 0.79, 0.766, 0.817, 0.83, 0.716, 0.67)$$
$$r_5 = (r_{51}, r_{52}, r_{53}, r_{54}, r_{55}, r_{56}, r_{57})$$
$$= (0.46, 0.653, 0.68, 0.7, 0.596, 0.623, 0.54)$$

取圈闭气质点满足

$$0.7 \leqslant r(x_0, x_i) \leqslant 0.954$$

得圈闭图如图 10.1.

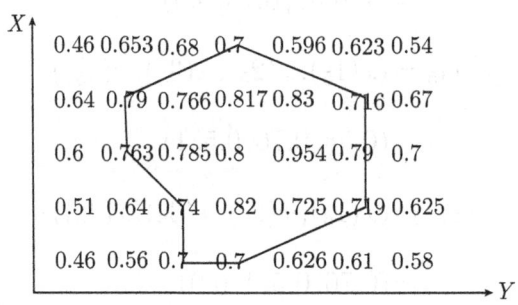

图 10.1　圈闭图

10.3.2　灰色圈闭应用情况

项目名称：金矿物化探异常灰色综合信息定量评价法

应用单位：地质矿产部西北石油地震局第一物探大队

应用情况：在《新疆塔里木盆地北部综合物探评价圈闭的技术方法

研究》中, 应用徐忠祥教授在国家自然科学基金项目《金矿物化探异常灰色综合信息定量评价法》的研究成果 —— 矿产资源灰色预测学科体系和方法系列, 在研究塔里木盆地北部油气圈闭信息灰色特征的基础上, 把灰色系统理论、综合物探方法与圈闭含油气性评价相结合, 提出了油气圈闭灰色系统、灰色油气场、灰色油气子波模型、灰色关联滤波、油气综合关联度、油气异常灰色神经网络自适应谐振识别法、油气圈闭灰色综合关联评价法、油气靶区灰色 GM 模型定位预测法等组成的圈闭油气性灰色综合信息定量评价方法体系.

在托库研究区, 应用研制的方法, 利用采集的 10 种物探信息, 圈定了 4 个油气综合关联度异常, 预测为油气圈闭靶区. 其中 1 号异常与已知油气井 —— 撒、沙 4 井对应, 3 号异常即大涝坝构造的沙 45 井已钻获工业油气流. 表明该项研究不仅从理论上探索了油气灰色预测学新领域, 而且在应用上为勘探部署提供了重要依据, 是一项具有广泛应用前景的研究成果.

10.4 跨表 CT (Cut Table 或 Crass Table)

称 Table 为 CT, 当且仅当满足

(P_1) CT=Mark (M) + Content (C)

其中, M 为栏目子表, C 为内容子表

$$M(i) = M(i_1) + M(i_2) + M(i_3)$$

这里, $M(i_1)$ 为栏目首, $M(i_2)$ 为栏目身 M_i 栏目身第 i 部, $M(i_3)$ 为栏目尾. $C(j)$ 由 $j=1,2,\cdots,n$ 组成.

(P_2) $C(j)$ 有竖加, 记为 er$\sum$(erect $\sum$) 与平加, 记为 l$\sum$(level $\sum$) 两种.

对于作者所著《灰色数理资源科学导论》(华中科技大学出版社, 2007) 第 103 页中的表 4.3.1, 在此处记为表 10.1, 从 CT 看有下述内容.

$M(i_1)$ 为栏目首: 中国内地 16 省市 56 个优质小麦的高分子量麦谷蛋白亚基 (HMW) 数据表

M_1: "品质指标"

$M(1)'$: "亚基"

$M(3_i)$:

  面包评分 $M(3_1)$

  面包体积/cm^3 $M(3_2)$

  评价值 $M(3_3)$ 66

  形成时间/min $M(3_4)$ 7

  稳定时间/min $M(3_5)$ 11

  断裂时间/min $M(3_6)$ 16

  软化度/Bu $M(3_7)$ 100

  沉淀值/mL $M(3_8)$ 38

  籽粒粗蛋白/% $M(3_9)$ 16

C(1): 表 10.1 第一行

参考亚基 (x_0) 80 $(M(3_1))$; 670 $(M(3_2))$; 66 $(M(3_3))$;

     7 $(M(3_4))$; 11 $(M(3_5))$; 16 $(M(3_6))$;

     100 $(M(3_7))$; 38 $(M(3_8))$; 16 $(M(3_9))$.

C(2): 表 10.1 第二行

$1A_1(x_1)$ 60.6 $(M(3_1))$; 596.6 $(M(3_2))$; 49.9 $(M(3_3))$;

     3.5 $(M(3_4))$; 4.8 $(M(3_5))$; 7.9 $(M(3_6))$;

     55.3 $(M(3_7))$; 26.6 $(M(3_8))$; 13.6 $(M(3_9))$.

C(3): 表 10.1 第三行

10.4 跨表 CT (Cut Table 或 Crass Table)

$1ANUII(x_2)$　61 (M(3_1)); 583 (M(3_2)); 47.2 (M(3_3));

　　　　　　3.1 (M(3_4)); 5.3 (M(3_5)); 7.1 (M(3_6));

　　　　　　50.1 (M(3_7)); 25.8 (M(3_8)); 13.3 (M(3_9)).

C(4)：表 10.1 第四行

$1A_{2*}(x_3)$　68.5 (M(3_1)); 615.8 (M(3_2)); 54.1 (M(3_3));

　　　　　　3.9 (M(3_4)); 8.2 (M(3_5)); 10.2 (M(3_6));

　　　　　　77.3 (M(3_7)); 32.2 (M(3_8)); 14.2 (M(3_9)).

C(5)：表 10.1 第五行

$1B_{7+9}(x_4)$　66.8 (M(3_1)); 599.5 (M(3_2)); 50.3 (M(3_3));

　　　　　　3.4 (M(3_4)); 5.5 (M(3_5)); 7.9 (M(3_6));

　　　　　　62.8 (M(3_7)); 27 (M(3_8)); 13.8 (M(3_9)).

……

C(13)：表 10.1 第十三行

平均值 ($\bar{x}$)　61.3 (M(3_1)); 590.6 (M(3_2)); 50.7 (M(3_3));

　　　　　　3.6 (M(3_4)); 5.8 (M(3_5)); 8.3 (M(3_6));

　　　　　　60.4 (M(3_7)); 27.1 (M(3_8)); 14 (M(3_9)).

$$表10.1 = M(1) + M(2) + er\sum_{i=1}^{9} M(3_i) + l\sum_{j=1}^{13} C(j).$$

作者所著《灰色数理资源科学导论》(华中科技大学出版社, 2007) 第 214 页的表 6.10 的跨表元素, 此处记为表 10.2。

M(1) 栏目首第 1 部：有关生物生产力的可比信息表

M(2_i) 栏目首第 2 部：

M_1^2	M_2^2	M_3^2	M_4^2	M_5^2	M_6^2
正常值	均值	总量	正常值	均值	总量

表 10.1 中国内地 16 省市 56 个优质小麦的高分子量麦谷蛋白亚基 (HMW) 数据表

亚基	品质指标								
	面包评分	面包体积/cm^3	评价值	形成时间/min	稳定时间/min	断裂时间/min	软化度/Bu	沉淀值/mL	籽粒粗蛋白/%
参考亚基 (x_0)	80	670	66	7	11	16	100	38	16
$1A_1(x_1)$	60.6	569.6	49.9	3.5	4.8	7.9	55.3	26.6	13.6
$1ANUII(x_2)$	61	583	47.2	3.1	5.3	7.1	50.1	25.8	13.3
$1A_{2*}(x_3)$	68.5	615.8	54.1	3.9	8.2	10.2	77.3	32.2	14.2
$1B_{7+9}(x_4)$	66.8	599.5	50.3	3.4	5.5	7.9	62.8	27	13.8
$1B_{7+8}(x_5)$	62.3	571.2	49.6	3.4	5.2	7.8	58.6	26.6	13.3
$1B_7(x_6)$	62.2	608	50	3.8	7	9.2	50.1	30.4	14
$1B_{20}(x_7)$	52.5	565.3	50.1	3.1	5.4	7.7	69	28.1	14.3
$1B_{6+8}(x_8)$	35	507.5	4.5	2.7	2.5	4.7	44.5	9.9	14.6
$1D_{5+10}(x_9)$	75	666.1	65	6.1	10.2	16	100	35.9	14.8
$1D_{2+12}(x_{10})$	58.1	558.3	47.6	3.1	5	7	52.8	25.8	13.3
$1D_{4+12}(x_{11})$	72.2	652.4	48.6	3.3	5.1	6.3	44.3	30.3	15.2
平均值 ($\bar{x}$)	61.3	590.6	50.7	3.6	5.8	8.3	60.4	27.1	14

表 10.2 内容元素 $C(i)$, $i=1, 2, \cdots, 22$, $C(i)=\mathrm{T}(i)$ $1\sum_{j=2}^{6} C(j)$ 如下:

10.4 跨表 CT (Cut Table 或 Crass Table)

生态类	面积	正常值	均值	总量	正常值	均值	总量
T_2	7.5	1000~2500	1600	12	6~80	35	260
T_3	5	600~2500	1300	6.5	6~200	35	175
T_4	7	600~2500	1200	8.4	6~60	30	210
T_5	12	400~2000	800	9.6	6~40	20	240
T_6	8.5	250~1200	700	6.0	2~20	6	50

$1\sum\limits_{j=7}^{16} C(j)$ 如下：

生态类	面积	正常值	均值	总量	正常值	均值	总量
T_7	15	200~2000	900	13.5	0.2~15	4	60
T_8	9	200~1500	600	5.4	0.2~5	1.6	14
T_9	8	10~400	140	1.01	0.1~3	0.6	5
T_{10}	18	10~250	90	1.06	0.1~4	0.7	13
T_{11}	24	0~10	3	0.07	0.1~0.2	0.02	0.5
T_{12}	14	100~4000	650	9.1	0.4~12	1	14
T_{13}	2	800~6000	3000	6.1	3~50	15	30
T_{14}	2	100~1500	400	0.8	0~0.1	0.02	0.05
T_{15}	149	—	782	117.5	—	12.2	1.837
T_{16}	332	2~400	125	41.5	0~0.005	0.003	1

表 $10.2 = \text{er} \sum\limits_{i=1}^{4} i(\text{Mark}(M(i))) + 1 \sum\limits_{j=1}^{22} C(j).$

表 10.2　有关生物生产力的可比信息表

生态类	面积	净第一性生产力 (干物质)			生物量 (干物质)		
		正常值	均值	总量	正常值	均值	总量
T_1	17	1000~3500	2200	37.4	6~80	45	765
T_2	7.5	1000~2500	1600	12	6~80	35	260
T_3	5	600~2500	1300	6.5	6~200	35	175
T_4	7	600~2500	1200	8.4	6~60	30	210
T_5	12	400~2000	800	9.6	6~40	20	240
T_6	8.5	250~1200	700	6.0	2~20	6	50
T_7	15	200~2000	900	13.5	0.2~15	4	60
T_8	9	200~1500	600	5.4	0.2~5	1.6	14
T_9	8	10~400	140	1.01	0.1~3	0.6	5
T_{10}	18	10~250	90	1.06	0.1~4	0.7	13
T_{11}	24	0~10	3	0.07	0.1~0.2	0.02	0.5
T_{12}	14	100~4000	650	9.1	0.4~12	1	14
T_{13}	2	800~6000	3000	6.1	3~50	15	30
T_{14}	2	100~1500	400	0.8	0~0.1	0.02	0.05
T_{15}	149	—	782	117.5	—	12.2	1.837
T_{16}	332	2~400	125	41.5	0~0.005	0.003	1
T_{17}	0.5	400~1000	500	0.5	0.005~0.1	0.02	0.008
T_{18}	26.6	200~600	360	9.6	0.001~0.004	0.001	0.27
T_{19}	0.6	500~4000	2500	1.6	0.04~4	2	1.2
T_{20}	1.4	200~4000	1500	2.1	0.01~4	1	1.4
T_{21}	361	—	155	55	—	0.01	3.9
T_{22}	510	—	336	172.5	—	3.6	1.841

第 11 章 自动控制系统的气质

11.1 反馈气质

从信息源发出的信息,"作为"后再返回源头称为反馈 (Feedback). 反馈是控制系统的独特作为是气质体现:

- 自动修正;
- 自动跟踪;
- 自我控制;
- 自我平衡.

若主通道传递函数用 A 表示, 反馈通道传递函数有 B 表示, 比较点用 $\otimes$ 表示, 用 $\to$ 表示信息流向, 有图 11.1.

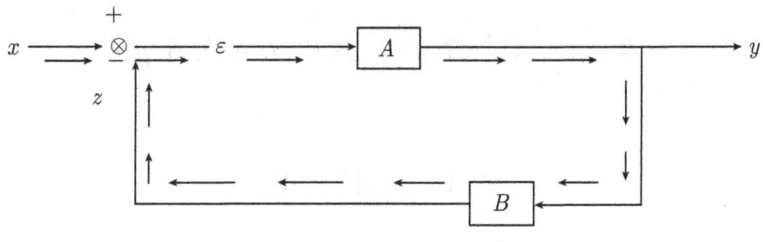

图 11.1 反馈信息流

则比较点是误差信息 ε 对输入信息 x 与反馈信息 z 的平衡点, 可表示为

$$\varepsilon = x - z$$

因为

$$\varepsilon = A^{-1}y$$
$$z = By$$

所以
$$A^{-1}y = x - By$$
$$x = A^{-1}y + By$$

按气质论的折射律：将 x 折射为主通道信息，$A^{-1}y$ 折射为主通道项，By 折射为反馈项，则有结构范式 SNF(Structure Normal Form)：

11.2 结构范式 SNF

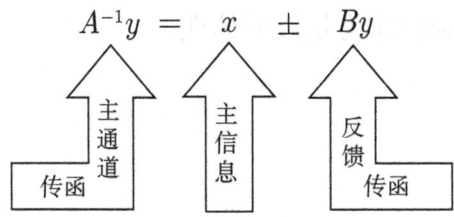

SNF 可表示为 $\mathcal{N}(x, A^{-1}, B, y)$. 若 $\mathcal{O}$ 为运算，则

$$\mathcal{O}(SNF) = \mathcal{O}\mathcal{N}(x, A^{-1}, B, y)$$

$$\mathcal{O}\mathcal{N}(x, A^{-1}, B, y) = \mathcal{N}(x, \mathcal{O}A^{-1}, B, y)$$

比如，
$$\mathcal{O}A^{-1} = A^0 + A^*$$

则有
$$\mathcal{N}(x, \mathcal{O}A^{-1}, B, y)$$
$$= \mathcal{N}(x, A^0 + A^*, B, y)$$

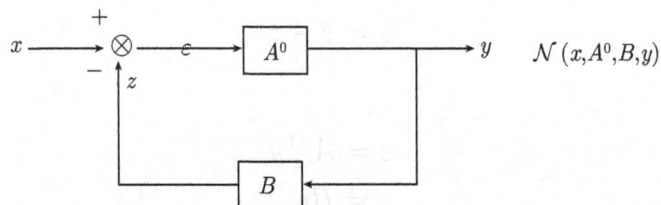

11.2 结构范式 SNF

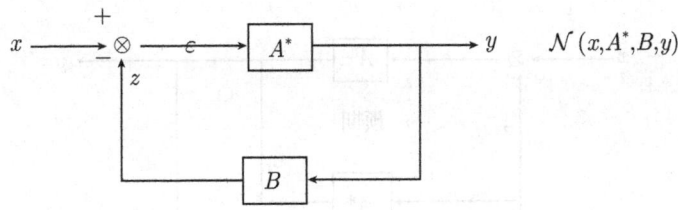

这称为分体结构, 或者合体结构.

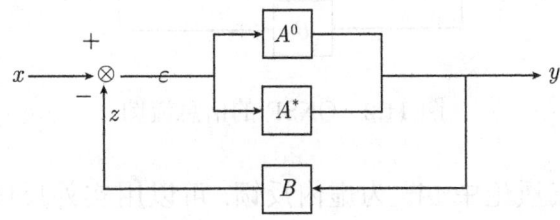

或者单体结构

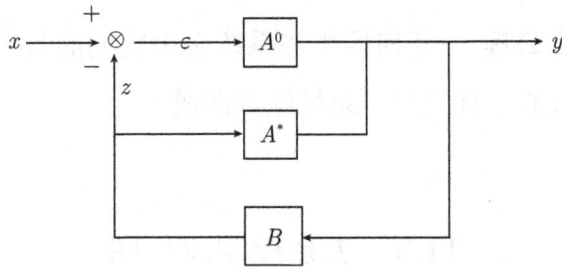

在单体结构基础上, 去掉多余项, 保持预期项的控制, 称为去余控制 (Elimination of Redondancy Contraling, ERDC).

令 O 为分解有

$$\begin{aligned}\text{ONSF} &= \mathscr{N}(x, A^{-1}, B, y) \\ &= \mathscr{N}(x, OA^{-1}, B, y)\end{aligned}$$

$$OA^{-1} = A^*(\text{预期主通道传递函数}) + A^0(\text{多余传递函数})$$

则有 ONSF 的信息流图 11.2.

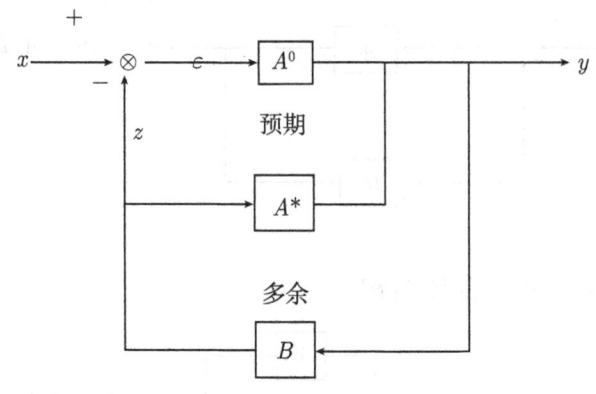

图 11.2 ONSF 的信息流图

在控制的气质论中 A^0 为虚内反馈, 可以用实外反馈抵消. 抵消虚内反馈的系统称去余控制系统, 可以用下述信息流图表示 (图 11.3 至图 11.5).

原生态综合公理 任何原生态系统必由预期的具原生态生存气质的子系统与多余的干扰气质子系统综合而成.

11.3 去余控制流程图

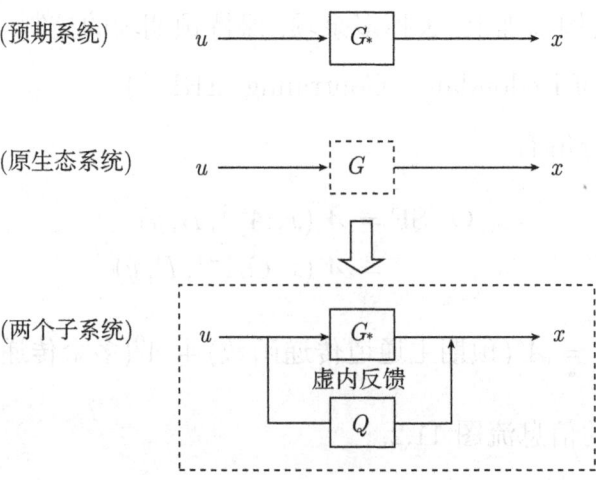

11.3 去余控制流程图

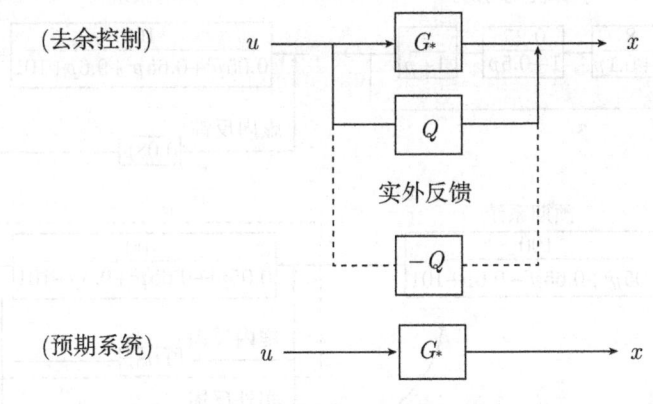

图 11.3 去余控制流程图

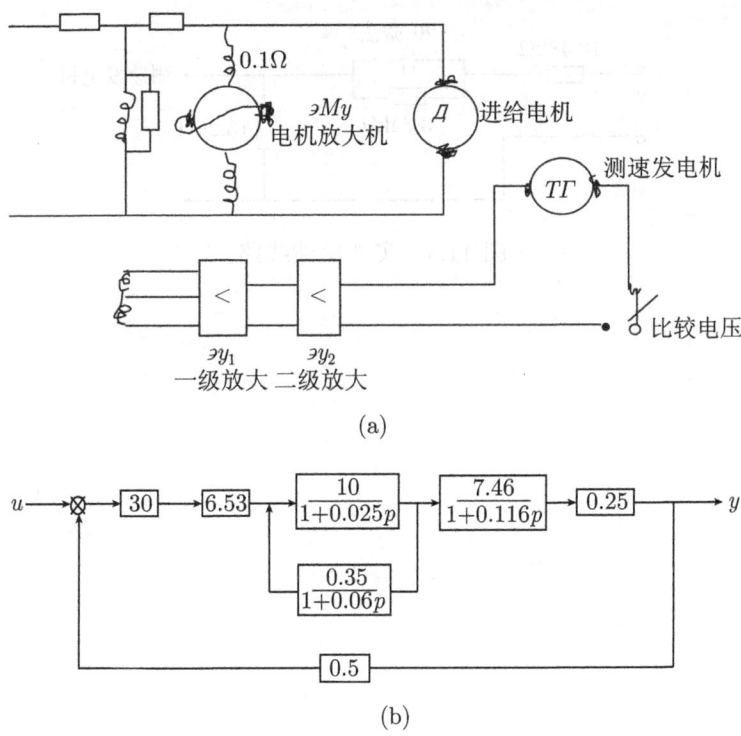

图 11.4 武汉重型机床厂生产的某大型镗床进给系统

经适当简化后, 有以下实外反馈线路.

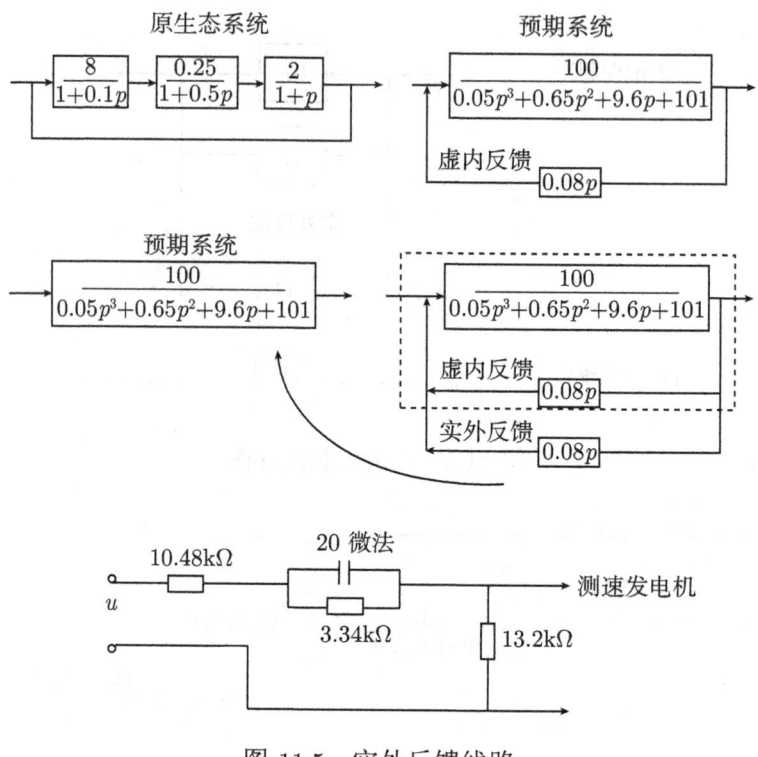

图 11.5　实外反馈线路

致 谢

时值我先生离世半年之际,本书签约出版,在此可告慰他的在天之灵.

记得2013年初,先生得知科学出版社为之出书,兴奋不已.他倾注身心,伏案疾书;他博学思维,开拓创新;他旦旦伐之,终伐"大树".他为灰色系统理论进一步深入到灰色数理资源气质开拓的高度研究,贡献了全部的精力和心血.即将出版的《灰色系统气质理论》这本书,是他智慧的结晶,是他留给后人的宝贵财富.

借此书的出版,在此感谢科学出版社梁琪先生的推荐,感谢社领导的高瞻远瞩,感谢徐园园、赵彦超责任编辑为此书出版作出的贡献,最后要感谢资助者为此书的顺利出版而给予的大力支持.

愿此书能得到灰色系统理论研究者和爱好者的喜爱.

郭 洪

2013年12月22日